U0197891

TensorFlow 神经网络设计

——基于Python API的深度学习实战

[土] 奥汗·亚尔钦（Orhan Yalçın） 著
汪雄飞 陈朗 汪荣贵 译

清华大学出版社
北京

北京市版权局著作权合同登记号 图字：01-2021-7336
First published in English under the title
Applied Neural Networks with TensorFlow 2：API Oriented Deep Learning with Python
by Orhan Yalçın

图书在版编目（CIP）数据

TensorFlow 神经网络设计：基于 Python API 的深度学习实战/(土耳其)奥汗·亚尔钦著；汪雄飞，陈朗，汪荣贵译. —北京：清华大学出版社，2024. 9

(中外学者论 AI)

书名原文：Applied Neural Networks with TensorFlow 2——API Oriented Deep Learning with Python

ISBN 978-7-302-66223-5

Ⅰ. ①T… Ⅱ. ①奥… ②汪… ③陈… ④汪… Ⅲ. ① 人工神经网络 Ⅳ. ①TP183

中国国家版本馆 CIP 数据核字(2024)第 096767 号

责任编辑：王 芳
封面设计：刘 键
责任校对：徐俊伟
责任印制：沈 露

出版发行：清华大学出版社
网 址：https://www.tup.com.cn，https://www.wqxuetang.com
地 址：北京清华大学学研大厦 A 座 **邮 编**：100084
社 总 机：010-83470000 **邮 购**：010-62786544
投稿与读者服务：010-62776969，c-service@tup.tsinghua.edu.cn
质量反馈：010-62772015，zhiliang@tup.tsinghua.edu.cn
课件下载：https://www.tup.com.cn，010-83470236
印 装 者：三河市人民印务有限公司
经 销：全国新华书店
开 本：186mm×240mm **印 张**：10.5 **字 数**：232 千字
版 次：2024 年 9 月第 1 版 **印 次**：2024 年 9 月第1 次印刷
印 数：1～1500
定 价：69.00 元

产品编号：093260-01

译者序

FOREWORD

近年来，深度学习技术取得了突破性进展，基于深度神经网络的计算机视觉和自然语言处理技术取得了突飞猛进的发展，在智慧城市、安全监控、人机交互、机器翻译等多个领域取得了巨大的商业价值，极大地激发了人们对深度学习和神经网络的学习热情。具有一定专业深度且通俗易懂的神经网络设计入门教材对于初学者的帮助显然是至关重要的，《TensorFlow 神经网络设计——基于 Python API 深度学习实战》正是这样的一部优秀教材。

本书以 TensorFlow 2.0 为基本开发平台，通过一系列具体的应用案例，使用通俗易懂的语言比较系统地介绍深度学习的基本概念和神经网络模型设计的基本知识。这些案例涉及的应用领域非常广泛，从图像识别到推荐系统，从艺术图像生成到自然语言处理，为读者的应用系统设计和开发提供了比较宽广的视野。本书的知识内容和知识结构面向神经网络初学者设计，首先概述 Python 编程语言、机器学习、深度学习和神经网络的基本知识，然后着重介绍前馈神经网络、卷积神经网络、循环神经网络、自动编码器和生成对抗网络等神经网络模型的基本结构，详细讨论了基于 TensorFlow 2.0 开发平台的神经网络模型的设计技巧和训练方法，以及样本数据集的获取与处理、应用系统开发的基本过程，逐步消除读者在深度学习技术开发应用方面的认知盲点。

本书内容丰富新颖，语言文字表述清晰，应用实例讲解详细具体，图例直观形象，适合作为高等学校人工智能、智能科学与技术、数据科学与大数据技术、计算机科学与技术以及相关专业的本科生或研究生深度学习课程入门性教材，也可供工程技术人员和自学读者学习参考。

本书由汪雄飞、陈朗、汪荣贵共同翻译完成。感谢研究生张前进、江丹、孙旭、尹凯健、王维、张珉、李婧宇、修辉、雷辉、张法正、付炳光、李明熹、董博文、麻可可、李懂、刘兵、王耀、杨伊、陈震、沈俊辉、黄智毅、禚天宇等同学提供的帮助，感谢清华大学出版社王芳编辑的大力支持。

由于时间仓促，译文难免存在不妥之处，敬请读者不吝指正！

译　者

2023 年 8 月

目录

CONTENTS

第1章　绪论 ………………………………………………………………… 1

1.1　编程语言 Python ……………………………………………………… 2

1.1.1　Python 发展时间轴 …………………………………………… 2

1.1.2　Python 2.x 与 Python 3.x …………………………………… 3

1.1.3　选择 Python 的原因 …………………………………………… 3

1.2　机器学习框架 TensorFlow ……………………………………………… 4

1.2.1　TensorFlow 发展时间轴 ………………………………………… 5

1.2.2　选择 TensorFlow 的原因 ………………………………………… 6

1.2.3　TensorFlow 2.x 的新特点 ……………………………………… 6

1.2.4　TensorFlow 的竞争产品 ………………………………………… 8

1.3　安装与环境设置 ………………………………………………………… 11

1.4　硬件选项和要求 ………………………………………………………… 18

第2章　机器学习简介 ………………………………………………………… 19

2.1　何为机器学习 …………………………………………………………… 19

2.2　机器学习的范围及相关邻域 …………………………………………… 21

2.2.1　人工智能 ……………………………………………………… 21

2.2.2　深度学习 ……………………………………………………… 21

2.2.3　数据科学 ……………………………………………………… 22

2.2.4　大数据 ………………………………………………………… 22

2.2.5　分类图 ………………………………………………………… 22

2.3　机器学习方式和模型 …………………………………………………… 23

2.3.1　监督学习 ……………………………………………………… 23

2.3.2　非监督学习 …………………………………………………… 25

2.3.3　半监督学习 …………………………………………………… 26

2.3.4 强化学习 …… 26
2.4 机器学习的基本步骤 …… 27
2.4.1 数据收集 …… 27
2.4.2 数据准备 …… 27
2.4.3 模型选择 …… 27
2.4.4 训练 …… 28
2.4.5 评价 …… 28
2.4.6 调优超参数 …… 29
2.4.7 预测 …… 29
2.5 小结 …… 30

第3章 深度学习与神经网络概述 …… 31

3.1 神经网络和深度学习研究的时间轴 …… 32
3.2 人工神经网络的结构 …… 34
3.2.1 McCulloch-Pitts 神经元 …… 34
3.2.2 现代深度神经网络 …… 35
3.3 深度学习的优化算法 …… 40
3.3.1 最优化面临的挑战 …… 40
3.3.2 过度拟合与正则化 …… 41
3.4 小结 …… 43

第4章 TensorFlow 2.x 的附加程序库 …… 44

4.1 TensorFlow 互补程序库的安装 …… 44
4.1.1 使用 pip 安装 …… 44
4.1.2 程序库的安装 …… 45
4.2 常见程序库 …… 46
4.2.1 NumPy——数组处理 …… 46
4.2.2 SciPy——科学计算 …… 46
4.2.3 Pandas——数组处理与数据分析 …… 47
4.2.4 Matplotlib 和 Seaborn——数据可视化 …… 48
4.2.5 Scikit-learn——机器学习 …… 49
4.2.6 Flask——部署 …… 50
4.3 小结 …… 51

第 5 章 TensorFlow 2.0 与深度学习流程 ······ 52

5.1 TensorFlow 基础 ······ 52
5.1.1 直接执行 ······ 52
5.1.2 张量 ······ 53
5.1.3 TensorFlow 变量 ······ 54
5.2 TensorFlow 深度学习流程 ······ 55
5.2.1 数据加载与准备 ······ 55
5.2.2 构建模型 ······ 58
5.2.3 编译、训练、评估模型并进行预测 ······ 61
5.2.4 保存并加载模型 ······ 63
5.3 小结 ······ 65

第 6 章 前馈神经网络 ······ 66

6.1 深度和浅层前馈神经网络 ······ 66
6.1.1 浅层前馈神经网络 ······ 66
6.1.2 深度前馈神经网络 ······ 67
6.2 前馈神经网络架构 ······ 67
6.3 案例分析：燃油经济学与 Auto MPG ······ 68
6.3.1 初始安装和导入 ······ 69
6.3.2 下载 Auto MPG 数据 ······ 69
6.3.3 数据准备 ······ 69
6.3.4 创建 DataFrame ······ 70
6.3.5 丢弃空值 ······ 70
6.3.6 处理分类变量 ······ 71
6.3.7 将 Auto MPG 分为训练集和测试集 ······ 72
6.3.8 模型构建与训练 ······ 73
6.3.9 结果评价 ······ 75
6.3.10 使用新的观测数据进行预测 ······ 77
6.4 小结 ······ 78

第 7 章 卷积神经网络 ······ 79

7.1 为什么选择使用卷积神经网络 ······ 79
7.2 CNN 的架构 ······ 80

7.2.1 CNN 中的网络层 …… 80
7.2.2 完整的 CNN 模型 …… 82
7.3 案例研究：MNIST 的图像识别 …… 82
7.3.1 下载 MNIST 数据 …… 83
7.3.2 图像的重塑与标准化 …… 84
7.3.3 构建卷积神经网络 …… 84
7.3.4 模型的编译与调试 …… 85
7.3.5 评价模型 …… 86
7.3.6 保存训练完成的模型 …… 87
7.4 小结 …… 87

第 8 章 循环神经网络 …… 88

8.1 序列数据与时序数据 …… 88
8.2 RNN 与序列数据 …… 89
8.3 RNN 基础 …… 90
8.3.1 RNN 的历史 …… 90
8.3.2 RNN 的应用 …… 90
8.3.3 RNN 的运作机制 …… 90
8.3.4 RNN 的类型 …… 91
8.4 案例研究：IMDB 影评的情绪分析 …… 93
8.4.1 为 Colab 准备 GPU 加速训练 …… 94
8.4.2 基于 TensorFlow 导入的数据集加载 …… 95
8.4.3 构建循环神经网络 …… 96
8.5 小结 …… 102

第 9 章 自然语言处理 …… 103

9.1 NLP 的历史 …… 103
9.2 NLP 的实际应用 …… 104
9.3 主要评估、技术、方法和任务 …… 105
9.3.1 形态句法学 …… 105
9.3.2 语义学 …… 106
9.3.3 语篇 …… 106
9.3.4 语音 …… 106
9.3.5 对话 …… 107

9.3.6 认知 …… 107
9.4 自然语言工具包 …… 107
9.5 案例研究：深度 NLP 的文本生成 …… 108
9.5.1 案例实现目标 …… 108
9.5.2 莎士比亚语料库 …… 108
9.5.3 初始导入 …… 109
9.5.4 加载语料库 …… 109
9.5.5 文本向量化 …… 110
9.5.6 创建数据集 …… 111
9.5.7 模型构建 …… 112
9.5.8 编译并训练模型 …… 113
9.5.9 使用训练好的模型生成文本 …… 114
9.6 小结 …… 117

第 10 章 推荐系统 …… 118

10.1 构建推荐系统的流行方法 …… 118
10.1.1 协同过滤方法 …… 118
10.1.2 基于内容的过滤 …… 120
10.1.3 构建推荐系统的其他方法 …… 120
10.2 案例开发：深度协同过滤与 MovieLens 数据集 …… 121
10.2.1 初始导入 …… 121
10.2.2 加载数据 …… 122
10.2.3 数据处理 …… 123
10.2.4 拆分数据集 …… 124
10.2.5 构建模型 …… 125
10.2.6 编译并训练模型 …… 126
10.2.7 进行推荐 …… 127
10.3 小结 …… 129

第 11 章 自动编码器 …… 130

11.1 自动编码器的优缺点 …… 130
11.2 自动编码器的架构 …… 131
11.2.1 自动编码器的各个层 …… 132
11.2.2 深度的优势 …… 132

11.3 自动编码器的变体 …… 132
11.3.1 欠完备自动编码器 …… 133
11.3.2 正则化自动编码器 …… 133
11.3.3 变分自动编码器 …… 134
11.4 自动编码器的应用 …… 135
11.5 案例研发：Fashion MNIST 图像降噪 …… 135
11.5.1 初始导入 …… 135
11.5.2 加载并处理数据 …… 136
11.5.3 向图像中添加噪声 …… 138
11.5.4 构建模型 …… 139
11.5.5 噪声图像的降噪 …… 140
11.6 小结 …… 142

第12章 生成对抗网络 …… 143

12.1 GAN 方法 …… 143
12.2 架构 …… 143
12.2.1 生成器网络 …… 144
12.2.2 判别器网络 …… 144
12.2.3 潜在空间层 …… 144
12.2.4 面临的问题：模式崩溃 …… 144
12.2.5 有关架构的最后注解 …… 145
12.3 GAN 的应用 …… 145
12.3.1 艺术与时尚 …… 145
12.3.2 制造与研发 …… 145
12.3.3 电子游戏 …… 145
12.3.4 恶意应用与深度伪造 …… 145
12.3.5 其他应用 …… 146
12.4 案例研发：MNIST 数据集的数字生成 …… 146
12.4.1 初始导入 …… 146
12.4.2 加载并处理 MNIST 数据集 …… 147
12.4.3 构建 GAN 模型 …… 147
12.4.4 配置 GAN 模型 …… 150
12.4.5 训练 GAN 模型 …… 151
12.4.6 图像生成函数 …… 154
12.5 小结 …… 157

参考文献 …… 158

第1章 绪论

本书主要介绍和讨论深度学习(Deep Learning,DL)领域的基本知识,主要涵盖关于深度学习的若干概念以及相关的案例研究。这些案例涉及的领域非常广泛,从图像识别到推荐系统,从艺术图像生成到目标聚类。作为机器学习方法的一个重要组成部分,深度学习是一种基于人工神经网络(Artificial Neural Network,ANN)和表示学习的数据处理方式。人工神经网络是一种模仿人类脑细胞或神经元的机器学习算法,这种算法的学习速度远远快于人类。目前,深度学习方法可以解决监督学习、非监督学习、半监督学习和强化学习等不同类型的机器学习问题。

知识结构上,本书首先简要介绍机器学习的基本知识,以便读者能够了解机器学习的一般规则和概念。然后,详细介绍深度学习的相关知识,使得读者能够较好地熟悉和掌握深度学习各个领域的知识。

本书不仅介绍深度学习的基础知识,而且对多种不同类型人工神经网络及其在现实生活中的潜在应用(案例研究)进行了比较系统的讨论。每一章都会介绍某个特定的神经网络架构及其组成部分,并且提供一个应用该网络结构解决某个特定人工智能问题的教程。

本书的目的是为深度学习的应用提供研究案例,因此具备一些编程能力并掌握程序库的相关知识是取得较好学习效果的基础。

在开始机器学习和深度学习之前,需要了解一些相关开发技术。本章将介绍这些技术的最新发展以及选择这些技术的原因,并且会介绍如何安装与这些开发技术相关的软件平台,帮助读者顺利地配置好开发环境。本书的核心技术如下。

(1) 选择的编程语言:**Python 3.x**;

(2) 选择的深度学习框架:**TensorFlow 2.x**;

(3) 开发环境:**Google Colab**(可以选择 Jupyter Notebook)。

> **注意** TensorFlow 的具体使用见第5章,Pipeline Guide 相关库的具体使用见第4章。

本书默认使用 Google Colab 开发环境,它几乎不需要进行任何环境设置。如果喜欢本地开发环境，本章还提供了一个用于在本地开发的 Jupyter Notebook 安装指南。如果使用 Google Colab，就可以跳过关于 Jupyter Notebook 的内容。

在学习新的编程规范或技术时，最令人沮丧的一项任务就是环境设置。因此，十分有必要尽可能简化环境设置过程，本章的设计正是基于这个原则。

1.1 编程语言 Python

Python 由 Guido van Rossum 创建并最初发布于 1991 年，它是作为某个项目副产品而产生的一种编程语言。Python 支持面向对象的编程(Object Oriented Programming，OOP)方式。面向对象编程是一种基于对象概念的编程方式，对象可以使用字段的形式表示数据。Python 优先考虑程序员的经验，程序员可以为大大小小的项目编写清晰的逻辑代码。Python 也支持函数式编程。Python 使用动态类型化和资源回收方式。

也可以将 Python 看成一种解释语言，因为它通过解释器将代码转换为计算机处理器能够理解的语言。解释器“逐句”执行代码语句。对于编译型语言，编译器一次性执行全部代码，并一次性列出所有可能出现的错误。编译后的代码在速度和性能方面比解释后的代码更加高效。然而对于解释型语言，即使代码中有多个错误，脚本语言(如 Python)也只会显示一条错误消息。这个特性可以帮助程序员快速地清除错误，提高开发速度。

1.1.1 Python 发展时间轴

Python 发展的时间轴具体如下。

(1) 20 世纪 80 年代后期，Python 被设想为 ABC 语言的继承者。

(2) 1989 年 12 月，Guido van Rossum 开始研发 Python。

(3) 1994 年 1 月，Python 1.0 版本发布。其主要新特性包括函数式编程工具 lambda、map、滤波器和 reduce。

(4) 2000 年 10 月，Python 2.0 发布。其主要新特性包括循环检测资源回收器和对 Unicode 的支持。

(5) 2008 年 12 月 3 日，Python 3.0 发布。这是一次对 Python 语言的重大修改，只能做到部分向后兼容。这个版本的许多重要新特性都被备份到 Python 2.6.x 和 2.7.x 版本中。Python 3 的版本包含了自动从 2.x 升级到 3.x 的实用程序，可以将 Python 2.x 代码自动(至少部分)地转换为 Python 3.x。

(6) 2020 年 1 月 1 日，不再对 Python 2.x 进行新的错误报告、修复或更改，并且**不再支持 Python 2.x**。

1.1.2 Python 2.x 与 Python 3.x

深度学习开发新手通常都会遇到这样的一个问题：使用 Python 2.x 还是 Python 3.x。有很多网络文章对这两个主要版本进行了比较。到 2020 年，可以有把握地说，这些比较已经无关紧要了。正如在前述时间轴中看到的那样，Python 2.x 最终在 2020 年 1 月 1 日被弃用了，目前程序员很难再找到关于 Python 2.x 的官方支持了。

掌握最新的技术是程序员的一项最基本的技能，因此，本书只使用 Python 3.x 版本。对于那些只熟悉 Python 2.x 版本的读者，这个首选项应该不会构成问题，因为本书中 Python 2.x 和 Python 3.x 的语法区别并不显著，Python 2.x 程序员很快就可以熟悉书中的源代码。

1.1.3 选择 Python 的原因

与其他编程语言相比，Python 语言更受数据科学家和机器学习工程师们的欢迎。2019 Kaggle 机器学习和数据科学调查结果如图 1-1 所示，Python 是迄今为止在数据科学和机器学习领域最为流行的一种编程语言。

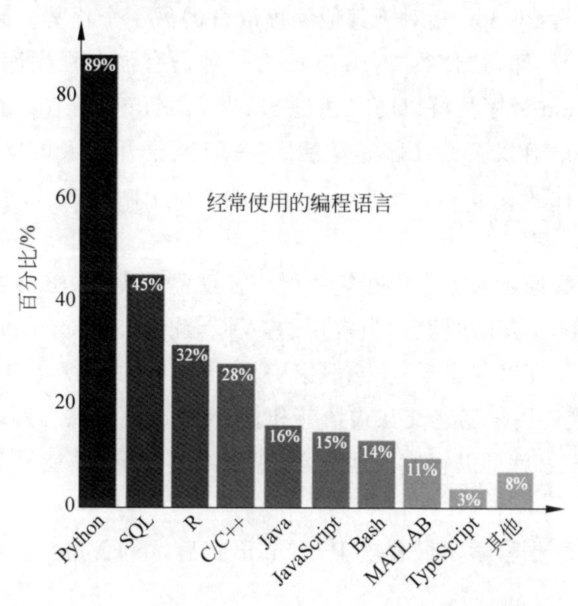

图 1-1 2019 Kaggle 机器学习和数据科学调查

与其他编程语言相比，Python 更受欢迎的几个主要原因如下。

1. 容易学习

新手选择 Python 作为编程语言主要是因为它容易学习。与其他编程语言相比，Python 提供了更短的学习曲线，程序员可以在很短的时间内就达到良好的编程水平。与其他编程语言相比，Python 语法更易懂，代码更易读。一个常见的例子就是使用不同编程语言打印"Hello, World!"所需的代码量。使用 Java 语言打印"Hello, World!"，代码如下：

```
public class Main {
public static void main(String[ ] args) {
System.out.println("Hello, World!");
}
}
```

但是使用 Python 语言，仅使用一行代码就可以得到相同的结果：

```
print("Hello, World!")
```

2. 拥有丰富的数据科学程序库

与其他编程语言相比，Python 语言另一个强大特征是其拥有广泛的数据科学程序库。Pandas、NumPy、SciPy 和 Scikit-learn 等数据科学程序库可以有效减少模型训练过程中准备数据所需要的时间。这些数据科学程序库包含了大量可用于逻辑和数学运算的标准化函数和模块。

3. 社区支持

强大的社区支持是 Python 相对于其他编程语言的另一个优势。越来越多的志愿者发布了各种各样的 Python 库，这使得 Python 成为一种具有强大程序库的现代语言。此外，大量经验丰富的 Python 程序员可以随时通过 Stack Overflow 等在线社区渠道帮助其他程序员解决问题。Python 开发人员社区非常活跃，一旦某个开发人员发现某个常见问题，他就可以立即设计并在社区发布一个新的程序库来解决这个问题。

4. 可视化效果

数据可视化是洞察原始数据中内在规律的一种重要方式，Python 提供了多个有用的可视化选项。古老的 Matplotlib 是其中最常用的一种。此外，Seaborn 和 Pandas Plot API 也是非常强大的功能库，可以帮助数据科学家完成最常见的可视化任务。此外，Plotly 和 Dash 等程序库可以允许用户创建交互式情节和复杂的仪表板，并在网络上提供服务。有了这些程序库，数据科学家就可以很容易地创建图表、绘制图形，并能够简化数据特征提取的工作。

在讨论了为什么数据科学家最喜欢 Python 语言后，下面讨论为什么使用 TensorFlow 作为机器学习框架。

1.2 机器学习框架 TensorFlow

TensorFlow 由 Google Brain 团队开发，它是一个开源的机器学习开发平台，主要用于处理与神经网络相关的计算问题。TensorFlow 最初仅供该企业内部员工使用，2015 年 11

月,Google通过Apache许可证2.0发布了这个程序库,使它成为一个开源库[1]。虽然TensorFlow的应用并不局限于机器学习,但通常认为机器学习是TensorFlow的优势领域。

Python和C是两种稳定支持TensorFlow API的编程语言。此外,C++、Java、JavaScript、Go和Swift等其他编程语言也不同程度地兼容TensorFlow。最后,还可以使用面向C#、Haskell、Julia、MATLAB、R、Scala、Rust、OCaml和Crystal等编程语言的第三方TensorFlow API。

1.2.1 TensorFlow发展时间轴

虽然本书的重点是TensorFlow 2.x,Python API中仍然会有若干由Google发布的TensorFlow附加库。了解TensorFlow开发平台是把握开发全局的必要条件。TensorFlow产生和发展的主要时间轴如下。

(1) 2011年,Google Brain利用深度学习神经网络建立了一个名为**DistBelief**的机器学习系统。

(2) 2015年11月,Google在Apache许可2.0下发布了TensorFlow库,并将其开源,以推进人工智能的进步。

(3) 2016年5月,Google推出了一款用于机器学习的专用集成电路(ASIC),这种集成电路专门为TensorFlow量身定制,名为**张量处理单元(Tensor Processing Unit,TPU)**。

(4) 2017年2月,Google发布了**TensorFlow 1.0.0**。

(5) 2017年5月,Google发布**TensorFlow Lite**,这是一款专门面向移动设备进行机器学习开发的程序库。

(6) 2017年12月,Google推出了**Kubeflow**,允许在Kubernetes上运行和部署TensorFlow。

(7) 2018年3月,Google发布了**TensorFlow.js 1.0**版本,专门用于基于JavaScript的机器学习项目开发。

(8) 2018年7月,Google发布了**Edge TPU**。它是Google的专用ASIC芯片,可在智能手机上运行TensorFlow Lite机器学习模型。

(9) 2019年1月,Google宣布**TensorFlow 2.0**将于2019年9月正式推出。

(10) 2019年5月,Google发布了面向计算机图形进行深度学习研发的程序库**TensorFlow Graphics**。

(11) 2019年9月,TensorFlow团队发布了**TensorFlow 2.0**,这是重要的新版本。

这个时间轴表明TensorFlow平台正在走向成熟。特别是TensorFlow 2.0的发布,极大地改善了TensorFlow API的友好性。此外,TensorFlow团队宣布TensorFlow不再有任何其他的重大变化。因此,可以假定本书介绍的方法和语法在很长一段时间内可以保持稳定。

1.2.2 选择 TensorFlow 的原因

目前，面向公众开放的深度学习程序库已经有 20 多个，它们都是由科技巨头、科技基金会或学术机构开发完成。虽然每个程序库在深序学习的特定领域都有其优势，但本书主要面向带有 Keras API 的 TensorFlow。选择 TensorFlow 而不是其他深度学习程序库的主要原因是它非常流行。另外，这句话并不是说其程序库比 TensorFlow 更好——却不受欢迎。特别是 2.0 版本的引入，TensorFlow 通过解决深度学习社区提出的问题，增强了它的能力。TensorFlow 可能是当前最为流行的深度学习程序库，它非常强大，易于使用且拥有优秀的社区支持。

1.2.3 TensorFlow 2.x 的新特点

自 2015 年初始版本发布以来，TensorFlow 已经成为市场上最先进的机器学习平台之一。研究人员、开发人员和公司广泛采用了 TensorFlow 团队引入的技术。TensorFlow 2.0 在 TensorFlow 诞生整整四周年的 2019 年 9 月发布。TensorFlow 团队投入了大量精力实现了对 TensorFlow API 的简化，包括清理废弃的 API 和减少冗余。TensorFlow 2.0 引入了如下几个更新，变得更加简单易用。

(1) 通过 Keras 使得模型易于构建，并引入 Eager Execution 编程模式。

(2) 可以在任何平台上进行稳定的面向生产环境的模型部署。

(3) 可以搭建面向研究的鲁棒性实验环境。

(4) 通过清理冗余简化了 API。

1. 通过 Keras 使得模型易于构建

TensorFlow 通过对 tf.data、tf.keras、tf.estimators 以及 Distribution Strategy API 模块的改进或引进，进一步降低了对模型构建经验的要求。

2. 使用 tf.data 加载数据

TensorFlow 2.0 使用 tf.data 模块创建的输入管道读取训练数据，使用 tf.feature_column 模块定义特征。对于初学者来说，新推出的数据集模块非常有用。TensorFlow 2.0 提供了一个独立的数据集模块，该模块提供了一系列流行的数据集，允许开发人员针对这些数据集展开测试。

3. 使用 tf.keras 或 Premade Estimators 构建、训练和验证模型

在 TensorFlow 1.x 中，开发人员可以使用 tf. Contrib、tf. layers、tf. keras 以及 tf. estimators 以前的版本构建模型。相比较 PyTorch 的易用性，TensorFlow 为同一个问题提供的 4 种不同选项会让初学者感到困惑，并有可能劝退其中部分初学者。TensorFlow 2.0 简化了模型构建，将选项限制为两个改进的模块：tf. keras(TensorFlow Keras API)和 tf. estimators(Estimator API)。TensorFlow Keras API 提供了一个高级接口，更易于构建模型，特别适

用于概念验证(Proof Of Concepts,POC)。另一方面,Estimator API 更适合需要可伸缩服务和增强定制能力的生产级模型。

4. 使用 Eager Execution 模式运行和调试,以及使用 AutoGraph API 画图的好处

TensorFlow 1.x 版本对张量流图进行优先排序,这对初学者来说并不友好。尽管 TensorFlow 2.0 中保留了这种复杂的方法,但与之前不同的是将 Eager Execution 作为默认选项。Google 用下面一段话解释了这个变化的初始原因:

Eager Execution 是一个强制性的、按运行定义的接口。当 Python 从这个接口调用某个操作时,这个操作会立即得到执行。这使得 TensorFlow 的使用更加容易,并且可以使研发过程更加直观[2]。

Eager Execution 使模型构建更为容易。它提供了一种快速调试功能,可以立即调试运行时错误,并与 Python 工具进行集成,使得 TensorFlow 对初学者更加友好。另外,图表执行在分布式训练、性能优化和生产部署方面具有优势。为了填补这个空白,TensorFlow 通过名为 tf.function 的函数引入 AutoGraph API。本书将 Eager Execution 的优先级置于图形执行之上,以便读者实现高效的学习曲线。

5. 在分布式训练中使用分布式策略

使用大规模数据集进行模型训练需要使用多个处理器(如 CPU、GPU 或 TPU)进行分布式训练。尽管 TensorFlow 1.x 支持分布式训练,但 TensorFlow 2.0 的分布式策略 API 可以优化跨多个 GPU、多台机器或 TPU 的分布式训练。TensorFlow 2.0 还提供了模板,可在 on-prem 或云环境中的 Kubernetes 集群上实现部署训练,这使得模型训练具有更高的性价比。

6. 导出到 SavedModel

在完成对模型的训练后,可以将其导出到 SavedModel。一般使用 tf.saved_model API 建立一个完整的具有权值和计算的 TensorFlow 程序。这种标准化的 SavedModel 可以在 TensorFlow services、TensorFlow Lite、TensorFlow.js 和 TensorFlow Hub 等不同的 TensorFlow 部署库之间互换使用。

7. 可以在任何平台上部署生产级的鲁棒性模型

TensorFlow 一直致力于为不同的生产环境提供直接的部署方式,可以使用多个程序库针对特定场合为训练过的模型提供服务。

8. TensorFlow 服务

TensorFlow 服务是一个灵活的且高性能的 TensorFlow 程序库,它允许模型通过 HTTP/REST 或 gRPC/协议缓冲区提供服务。这个平台与编程语言无关,因此可以使用任意编程语言进行 HTTP 调用。

9. TensorFlow Lite

TensorFlow Lite 是一个轻量级的深度学习框架,可以使用这个框架将模型部署到移动设备(iOS 和 Android)或嵌入式设备(Raspberry Pi 或 Edge TPU)。开发人员可以选择一个经过训练的模型,将模型转换为压缩的 fat 缓冲区,并使用 TensorFlow Lite 将其部署到移动或嵌入式设备上。

10. TensorFlow.js

TensorFlow.js 可以将模型部署到 Web 浏览器或 Node.js 环境中。还可以使用类似 Keras API 在浏览器中使用 JavaScript 构建和训练模型。

通过交换格式和 API 的标准化,TensorFlow 2.0 的跨平台和组件能力得到了极大的改进。图 1-2 为 TensorFlow 2.0 架构的简图。

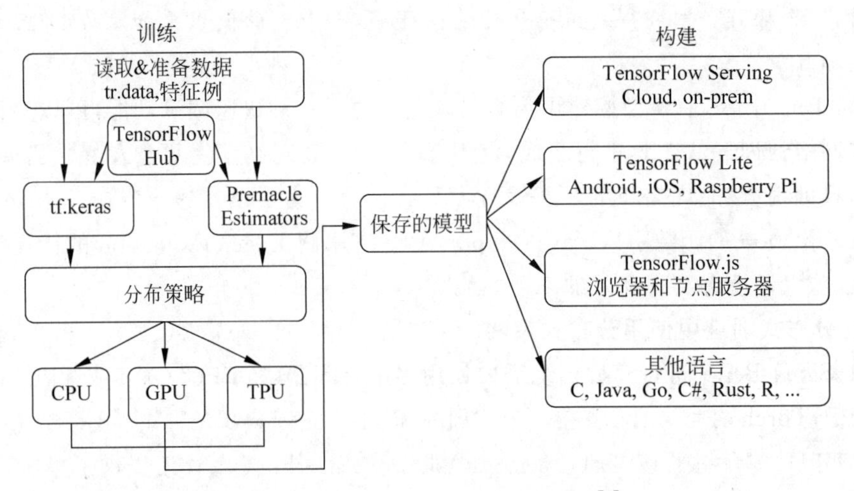

图 1-2 TensorFlow 2.0 架构的简图[3]

11. 改善了用户使用体验

研究人员通常需要一个易用的工具将他们的研究想法从概念转化为代码。概念的证明在几次迭代后就可以实现,在几次实验后就可以进行相关概念的发布。TensorFlow 2.0 的目标就是使这个过程更容易实现。Keras 功能 API(与模型子类 API 结合使用)提供了足够的功能用于构建复杂的模型。tf.gradientTape 和 tf.Custom_gradient 是生成自定义训练逻辑的必要条件。

任何机器学习项目都是从概念验证(Proof of Concept,POC)开始的。开发人员需要采用一种便捷的方法,并通过易用的工具将新想法从概念转化为有证据支持的产物。TensorFlow 2.0 提供了诸如 Ragged Tensors、TensorFlow Probability 和 tensor2tensor 等强大的功能扩展,可以确保系统灵活性和强大的验证能力。

1.2.4 TensorFlow 的竞争产品

虽然本书使用 TensorFlow 作为深度学习框架,但有必要简要介绍一下其他有竞争性的深度学习框架和库。尽管深度学习框架的总数超过 20 个,但是其中许多框架目前并没有得到设计者维护，这里只讨论若干比较可靠的框架。

1. Keras

Keras是一个用Python编写的开源神经网络库，可以在TensorFlow、Microsoft Cognitive Toolkit (CNTK)、Theano、R和PlaidML上运行。François Chollet是Google的工程师，他设计的Keras可用于实现神经网络的快速验证。Keras非常友好，具有较好的模块化和可扩展性，它还以简单、灵活和强大而著称。由于这些特性，Keras被初学者视为首选的深度学习库。

一般将Keras视为TensorFlow的一个补充选项，而不是竞争库，因为它依赖于现有的深度学习框架。2017年，谷歌的TensorFlow团队同意在其核心库中支持Keras。通过TensorFlow 2.0，Keras API变得更加精简和集成。本书使用了TensorFlow Keras API，它使得神经网络的创建变得更加容易。

2. PyTorch

PyTorch是一个开源的神经网络库，主要由Facebook人工智能研究实验室(FAIR)开发和维护，最初于2016年10月发布。FAIR在另一个开源机器学习库Torch库、科学计算框架和基于Lua编程语言的脚本语言基础上构建了PyTorch，该语言最初是由Ronan Collobert、Samy Bengio和JohnnyMariéthoz设计的。

由于PyTorch由Facebook开发，并且提供了一个易于使用的界面，因此近年来它的流行势头越来越大，尤其在学术界得到普遍认可。PyTorch是TensorFlow的主要竞争对手。在TensorFlow 2.0之前，尽管TensorFlow API在易用性方面存在问题，但由于其社区支持、产品性能和额外的解决方案而保持了人气。此外，TensorFlow 2.0的更新也弥补了TensorFlow 1.x的不足。因此，尽管PyTorch越来越受欢迎，但TensorFlow很可能仍然会保持它的地位。

3. Apache MXNet

MXNet是Apache基金会引入的一个开源深度学习框架。它是一个灵活、可扩展、便捷的深度学习框架。它支持C++、Python、Java、Julia、MATLAB、JavaScript、Go、R、Scala、Perl和Wolfram等多种编程语言。

MXNet得到Amazon、Intel、百度、Microsoft、Wolfram Research、Carnegie Mellon、MIT和华盛顿大学的使用和支持。虽然有多家知名机构和科技公司支持MXNet，但MXNet的社区支持比较有限。因此，与TensorFlow、Keras和PyTorch相比，它不那么受欢迎。

4. CNTK

2016年1月，微软发布了CNTK(Microsoft Cognitive ToolKit)作为其开源深度学习框架。CNTK在Python、C++、C#和Java等流行编程语言中都有支持。微软主要将其用于语音、笔迹和图像识别等方面，在诸如Skype、Xbox和Cortana等流行的应用和产品都使用了 CNTK。然而，截至 2019 年 1 月，微软没有发布关于 CNTK 的更新。因此，CNTK 被认为已经弃用。

5. 最终评价

上述深度学习框架的设计者和维护者在深度学习框架发展的过程中发生了明显的变化。深度学习最初只是大学里的一个学术研究领域，在现实生活中几乎没有得到应用。然而，随着计算能力的提高和处理成本的降低以及互联网的兴起，这种情况发生了变化。越来越多的深度学习实际应用满足了大型科技公司的需求。早期的 Torch、Caffe 和 Theano 等学术项目为 TensorFlow、Keras 和 PyTorch 等深度学习库的发展铺平了道路。Google、Amazon 和 Facebook 等行业参与者为其开源深度学习框架聘请了这些早期项目的维护人员。因此，虽然对早期项目的支持非常有限，但新一代程序框架正变得越来越强大。

到 2020 年，TensorFlow 和 PyTorch 之间正在进行真正的竞争。由于 TensorFlow 的成熟度、对多种编程语言的广泛支持、在就业市场上的受欢迎程度、广泛的社区支持和支持技术等优点，TensorFlow 占据了上风。2018 年，Jeff Hale 为市场上的深度学习框架制定了一个实力排名，排名权衡了在线职位列表、相关文章和博客帖子以及 GitHub 上提到的内容等。他的统计结果也支持了前述的评价，具体如图 1-3 所示。

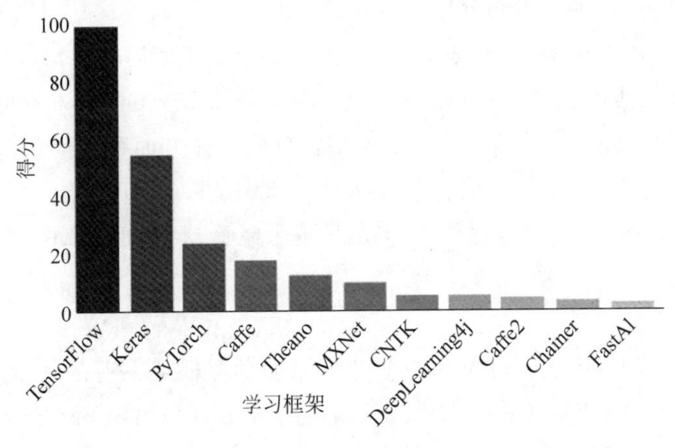

图 1-3 Jeff Hale 的 2018 年深度学习框架能力评分[4]

由于 TensorFlow 的技术进步和它在技术社区中的流行，所以成为本书主要使用的深度学习框架。后续章节将会继续了解 TensorFlow 2.0 的新特性。

6. 最终考量

如果深度学习框架可以提供易于使用的模块（如 PyTorch），就会越来越受欢迎，这表明 TensorFlow 1.x 走错了方向。Keras 库的兴起，其唯一目的是促进 TensorFlow 以及其他一些库的易用性，这是 TensorFlow 必须简化其工作流以稳住现有用户的另一种方式。TensorFlow 2.0 的引入就是为了解决这个问题，目前看似乎大多数的问题都通过引入新的

API和改进现有API得到了解决。

1.3 安装与环境设置

既然已经解决了为什么选择TensorFlow作为深度学习框架以及选择Python作为编程语言的问题，下面就为深度学习建立一个相应的编程环境。

机器学习任务需要完成持续的测试和概念的验证。传统的Python运行环境可能会阻碍测试速度。因此，开发人员通常利用交互式运行环境完成数据清理、模型构建和训练等。使用交互式环境具有如下几个优点。

(1) 在交互式运行环境中，开发人员可以只运行代码的一部分，并且输出仍然保存在内存中。

(2) 代码的下一部分仍然可以使用前一部分代码的输出。

(3) 可以修复部分代码给出的错误，并且其余代码仍然可以运行。

(4) 可以将大的代码文件分解为几个部分，可以使调试变得简单。

可以说，使用交互式编程环境已经成为深度学习研究的行业标准。本书的深度学习项目也遵循这种做法。

对于使用Python和TensorFlow的程序员来说，在交互式编程环境中构建和训练模型有多个可行的选项。然而，这里仅为用户提供具有多种不同好处且最受欢迎的选项：Jupyter Notebook和Google Colab。

Python交互式编程环境中使用了多种工具。使得交互式编程环境成为可能的核心技术是IPython，它是一个改进的Python shell和REPL(Read-Eval-Print-Loop)。IPython Notebook是通过网络浏览器以Notebook形式访问IPython的一款产品。IPython具有两个基本角色：作为REPL的IPython终端；提供与前端接口(如IPython Notebook)进行计算和通信的IPython内核。

开发人员可以编写代码，做笔记，并将信息上传到他们的IPython Notebook。IPython Notebook项目的增长促使Jupyter项目得到创建，Jupyter项目中包含了Notebook和支持Julia、Python和R等多种语言的其他交互工具。Jupyter Notebook及其灵活的接口，将Notebook的功能扩展到代码可视化、多媒体、协作等多个方面，为数据科学家和机器学习专家创造了一个舒适的研发环境。

如果希望获得进一步的开发经验，Google Colab是一个基于云的终端工具：Jupyter Notebook环境。此外，Google Colab还提供协作选项、访问Google的计算能力和基于云的主机功能。IPython、Jupyter Notebook和Google Colab之间的关系如图1-4所示。

下面深入了解IPython、Jupyter Notebook和Google Colab的细节，使用Anaconda发

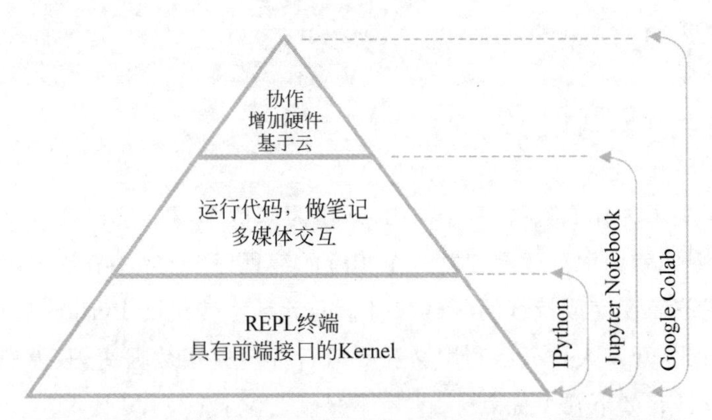

图 1-4 IPython、Jupyter Notebook 和 Google Colab 之间的关系

行版安装 Jupyter Notebook 以及 Google Colab。

1. IPython

IPython 是一个命令 shell 和内核，支持交互式 Python Notebook。IPython 允许程序员在 Notebook 环境中快速运行代码。IPython 提供了如下几个特性：

(1) 交互式 shell(终端与 QT 控制台)；

(2) 基于网络的 Notebook 界面，支持代码、文本和媒体；

(3) 支持交互式数据可视化和 GUI 工具包；

(4) 灵活和可嵌入的解释器；

(5) 并行计算工具包。

IPython 项目已经超越了运行 Python 脚本的范围，正在成为一种与编程语言无关的工具。在 IPython 4.0 中，与编程语言无关的部分被收集到一个名为 Project Jupyter 的新项目中。Jupyter 名称指的是核心 Jupyter 支持的编程语言，即 Julia、Python 和 R 语言。由于实施了分拆的决策，IPython 目前只关注交互式 Python，而 Jupyter 侧重于 Notebook 格式、消息协议、QT 控制台和 Notebook 的 Web 应用程序等工具。

2. Jupyter Notebook

Project Jupyter 是一个衍生于 2014 年 IPython 项目的开源项目。Jupyter 永远免费供所有人使用，它是基于木星社区的共识开发的。作为 Jupyter 项目的一部分，已经发布了一些有用的工具，如 Jupyter Notebook、JupyterLab、Jupyter Hub 和 Voilà。虽然使用这些工具可以完成额外的任务，但是只安装 Jupyter Notebook 就可以满足本书的环境要求。

另外，作为一个开源项目，可以将 Jupyter 工具集成到多种不同的工具集和开发包中。这里使用 Anaconda 发行版将 Jupyter Notebook 安装在本地，而不是通过终端(macOS 和 Linux)或命令提示符(Windows)安装 Jupyter Notebook。

3. Anaconda 分布

“Anaconda 是一种用于科学计算且支持 Python 和 R 编程语言的免费开源发行版，旨在简化包的管理和部署。”

环境设置是编程的烦琐任务之一。由于开发人员使用的操作系统及其版本的不同，他们可能会遇到多个独特的问题。使用 Anaconda 发行版，可以轻松安装 Jupyter Notebook 和其他常用的数据科学库。

4. 在 Windows 上安装 Anaconda

（1）在 Anaconda 安装程序页面选择 64 位的 Python 3.x 图形安装选项下载 Anaconda 安装程序，如图 1-5 所示。

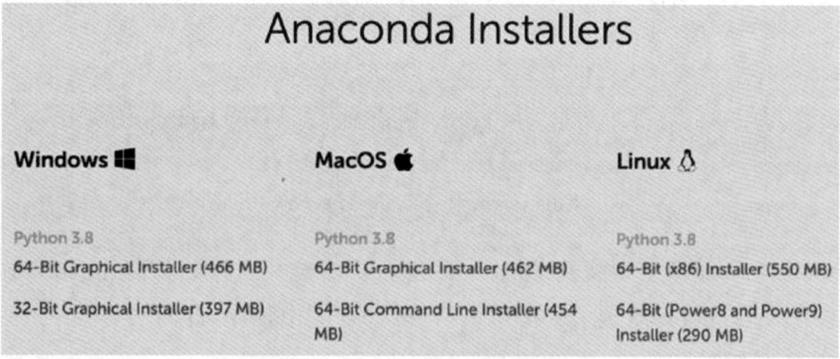

Anaconda Installers

Windows
Python 3.8
64-Bit Graphical Installer (466 MB)
32-Bit Graphical Installer (397 MB)

MacOS
Python 3.8
64-Bit Graphical Installer (462 MB)
64-Bit Command Line Installer (454 MB)

Linux
Python 3.8
64-Bit (x86) Installer (550 MB)
64-Bit (Power8 and Power9) Installer (290 MB)

图 1-5　Anaconda 安装程序页面

（2）双击安装程序。

（3）单击 Next 按钮。

（4）阅读许可协议，单击 I Agree。

（5）为 Just Me 选择一个安装，然后单击 Next 按钮。

（6）选择要安装 Anaconda 的目标文件夹并单击 Next 按钮（要确保目标路径不包含空格或 Unicode 字符）。

（7）选择是否将 Anaconda 添加到 PATH 环境变量。此时出现选项：Add Anaconda 3 to my PATH environment variable 和 Register Anaconda 3 as my default Python 3.8，勾选 Register Anaconda 3 as my default Python 3.8，将 Anaconda3 注册为 Python 3.x 默认值，如图 1-6 所示。

（8）单击 Install 按钮，等待安装完成。

（9）单击 Next 按钮。

（10）单击 Next 按钮，跳过安装 PyCharm IDE。

（11）安装成功后，会弹出信息：Thank you for Installing Anaconda Individual Edition，此时单击 Finish 按钮即可。

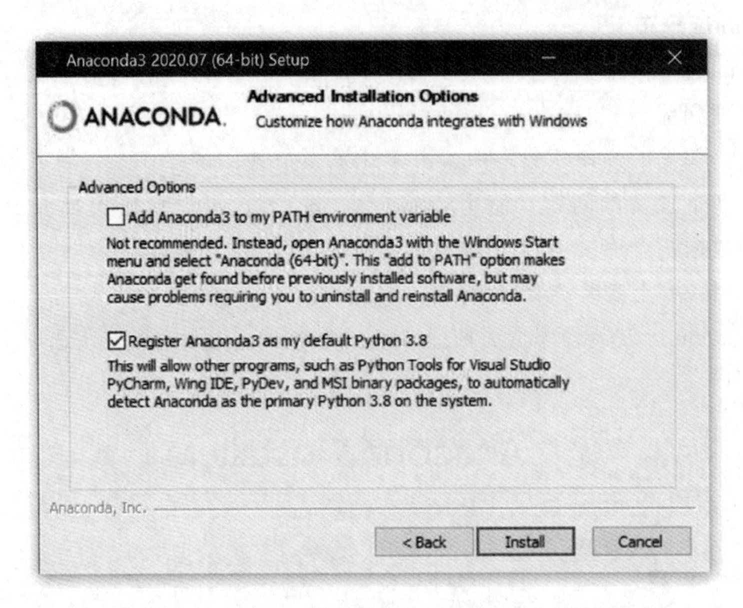

图 1-6　Windows 操作系统的 Anaconda 安装页面

现在就可以在开始菜单中找到 Anaconda-Navigator 应用程序，打开 Jupyter Notebook。只需单击 Jupyter Notebook 的 Setup 按钮，就可以打开应用程序，此时会弹出一个关于本地主机的 Web 浏览页面 localhost：8888。

5. 在 Mac 上安装 Anaconda

（1）在 Anaconda 安装程序页面选择 64 位 Python 3. x 图形安装程序选项下载 Anaconda 安装程序，见图 1-7。

图 1-7　Anaconda 安装程序页面

（2）双击下载的文件，单击 Continue 按钮，开始安装。

（3）依次选择 Introduction、Read Me 和 License，并单击 Continue 按钮。

（4）单击提示窗口上的 Agree 按钮，同意软件许可协议条款。

（5）确保选中 Install for me only 选项，并单击 Continue 按钮。

（6）单击 Install 按钮安装 Anaconda，并等待安装完成。

（7）单击 Continue 按钮跳过安装 PyCharm IDE。

（8）单击 Close 按钮，关闭安装程序，如图 1-8 所示。

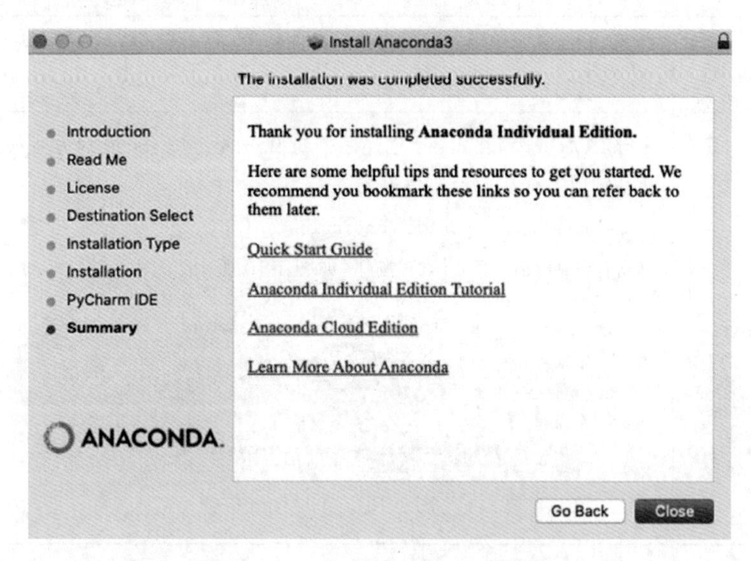

图 1-8 macOS 的 Anaconda 安装窗口

（9）现在可以在启动板上找到 Anaconda-Navigator 应用程序并打开 Jupyter Notebook。只需单击 Jupyter Notebook 选项的 Install 按钮，就可以打开应用程序，此时会弹出一个关于本地主机的 Web 浏览页面 localhost：8888。

（10）可以通过选择 New→Python 3 创建一个新的 Jupyter Notebook，如图 1-9 所示。

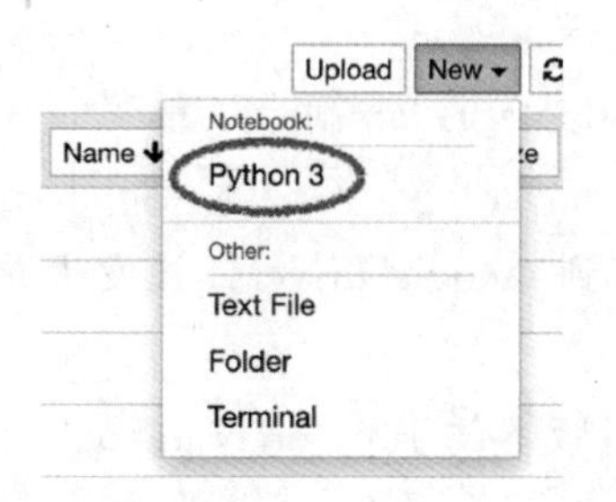

图 1-9 创建一个新的 Jupyter Notebook

Jupyter Notebook 自带重要的数据科学库，如 Pandas、NumPy 和 Matplotlib 等。然而，如果决定使用 Jupyter Notebook 进行深度学习，仍然需要安装 TensorFlow。TensorFlow 的安装可以通过 Python 的 pip 包管理器实现，由于已经在 Anaconda 发行版中安装了 Python，因此可以选择表 1-1 所列的方法将 TensorFlow 安装到本地机器。

表 1-1 TensorFlow 安装到本地机器的方法

操作系统	安装 TensorFlow 的方法
macOS	从 Launchpad 中打开 Other 文件夹下的 Terminal 窗口，并粘贴以下脚本： `pip install -- upgrade tensorflow`
Windows	打开 Start 菜单并找到 cmd，右击并选择 Run as administrator，然后粘贴脚本： `pip install -- upgrade tensorflow`
macOS/Windows	在 macOS 或 Windows 上创建一个新 IPython Notebook 的方法如前所述。复制并粘贴以下代码到输入空格： `!pip install -- upgrade tensorflow` 单击位于页面顶部的 Run 按钮，如图 1-10 所示。 图 1-10 单击 Run 按钮

6. Google Colab

如果使用 Google Colab（Collaboratory），就不需要安装 TensorFlow，因为 Google Colab Notebook 已经预装了 TensorFlow。

Google Colab 是一款优秀的深度学习工具，允许开发人员通过浏览器编写和执行 Python 代码。作为一个托管的 Jupyter Notebook，Google Colab 不需要设置，即可以免费访问 Google 的 GPU 等计算资源。

在 Anaconda 发行版中，Google Colab 附带了重要的数据科学库，如 Pandas、NumPy、Matplotlib 以及更重要的 TensorFlow。Google Colab 还允许与其他开发人员共享 Notebook，并可以将文件保存到 Google driver。开发人员可以从任何地方访问并运行 Colab Notebook 中的代码。

总之，Colab 只是一个专门版本的 Jupyter Notebook，运行在云端并提供免费的计算资源。

注意 读者可以选择使用本地设备并安装前述的 Anaconda 发行版。只要熟悉了 Jupyter Notebook，对 Jupyter Notebook 的使用就不会有任何问题。另外，为了使本书和代码保持最新，这里特意使用 Google Colab，这样可以方便地重新访问代码并进行更新，就可以始终能够访问最新版本的代码。因此，推荐基于 Google Colab 阅读本书。

Google Colab 的安装过程相对简单,可以通过以下步骤在所有设备上进行安装。

(1) 访问 Google Colab 欢迎页面;如图 1-11 所示。

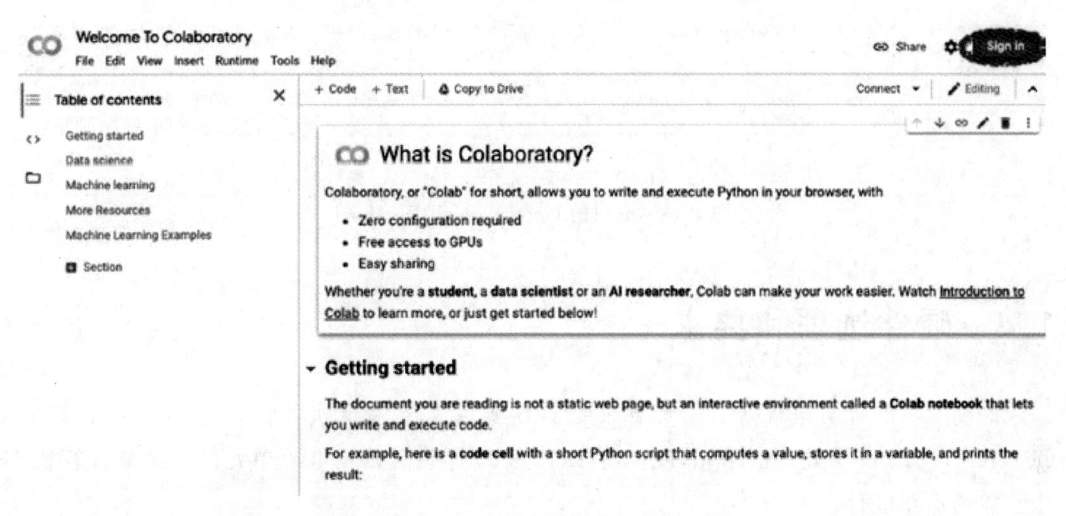

图 1-11 Google Colab 的欢迎界面

(2) 单击右上角的 Sign in 按钮。

(3) 登录 Gmail 账户。如果没有 Gmail 账户,可如图 1-12 所示进行创建。

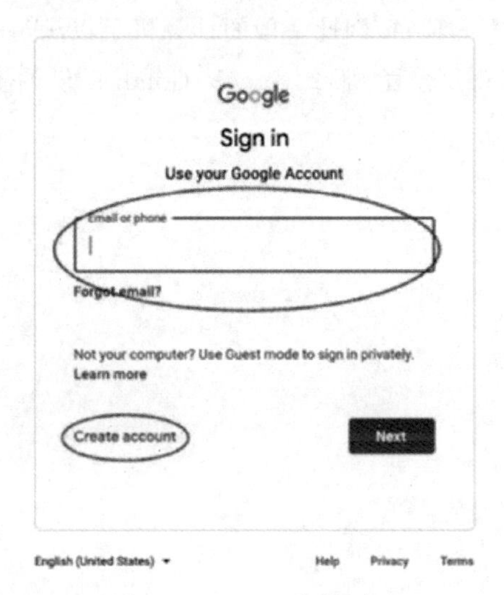

图 1-12 Gmail 注册页面

(4) 完成登录过程后,就可以使用 Google Colab 了。

(5) 登录后可通过 File→new Notebook 创建一个新的 Colab Notebook,具体示例如图 1-13 所示。

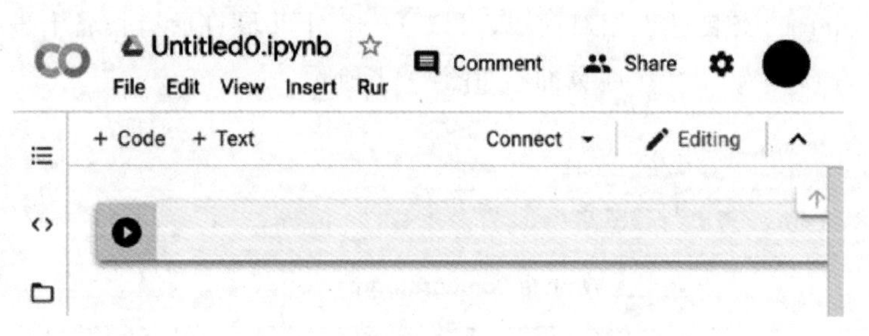

图 1-13　空白的 Google Colab Notebook

1.4　硬件选项和要求

深度学习的计算非常密集，大型深度学习项目需要多台机器同时进行分布式计算。CPU、GPU、TPU 等处理器单元，RAM、HDD、SSD 等硬盘以及电源单元都是影响计算机整体性能的重要硬件。

对于使用大量数据集进行训练的项目，拥有丰富的计算能力和适合的硬件集群是极其重要的事情。在面向大数据集的模型训练过程中，处理单元是最关键的部分。当任务太大时，开发人员通常需要使用 GPU 和 TPU，而 CPU 只能满足中小型的模型训练任务。

本书不包含计算量过大的项目，因此一般的计算机足以满足本书的算力要求。此外，如果学习过程遵循 Google Colab 教程，那么 Google Colab 提供的资源（包括 GPU）对于书中的项目已经足够了。

第 2 章

机器学习简介

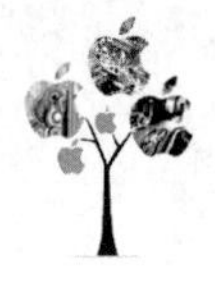

本章主要介绍机器学习尤其是深度学习的相关知识，阐明所涉及的相关领域，对不同类型的机器学习方法进行比较，分析讨论一些流行的机器学习模型和重要的机器学习概念，最后介绍机器学习的基本步骤。本章非常重要，因为深度学习是机器学习的一个分支，所以大部分结论对于深度学习而言也是成立的。

2.1 何为机器学习

我们都知道，计算机没有认知能力，自己不能进行推理。然而，它们在数据处理方面的表现非常出色，可以在很短的时间内完成复杂的计算任务。只要能够提供详细的、一步一步的处理逻辑和数学指令，它们可以处理任何事情。如果可以使用逻辑操作代表人类的认知能力，那么计算机就可以发展认知技能。

意识是人工智能领域争论最激烈的话题之一：计算机可以有意识吗？虽然讨论范围是机器能否完全模仿人类意识（广义人工智能），但本书关注的是在特定任务中模仿人类特定的技能（狭义人工智能）。这正是机器学习的用武之地。

“机器学习”一词由 IBM 科学家、电脑游戏和人工智能领域的先驱 Arthur Samuel 于 1959 年首次提出。在 20 世纪 50～70 年代，神经网络的早期工作是为了模仿人类大脑。然而，由于计算机技术的限制，神经网络在现实生活中的应用长期以来一直不可行。关于其他机器学习技术（即需要较少计算机资源的非深度学习技术）的研究在 20 世纪 80～90 年代开始普及。在此期间，计算机技术的进步在一定程度上允许机器学习技术应用于现实生活。随着时间的推移，特别是在最近几年，计算机技术不成熟而造成的限制基本上被消除了。尽管一直在争取更好、更有效的计算能力和存储，但现在至少可以快速构建和测试模型，甚至可以将模型部署到互联网上供全世界使用。目前，由于大量的数据、高效的数据存储技术以及更快更便宜的处理能力，机器学习领域变得非常活跃。图 2-1 总结了人工智能的时间轴。

机器学习是人工智能学科的一个分支。研究机器学习目的是提高为特定任务而设计的计算机算法的性能。在机器学习研究领域，经验主要从训练数据中获得，训练数据可以定义

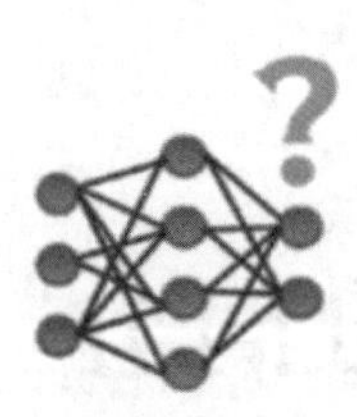

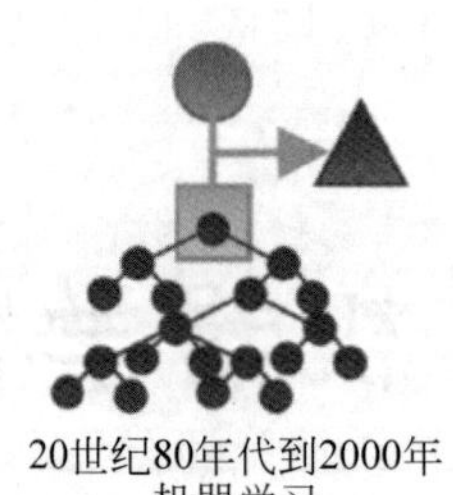

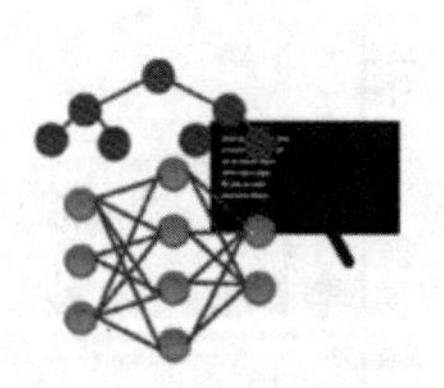

图 2-1 人工智能时间轴

为在先前观察中记录和收集的样本数据。通过这种经验，机器学习算法可以学习并建立用于预测和决策的数学模型。学习过程从将训练样本数据（例如示例、直接经验、基本指令）输入模型开始，这些训练数据以某种隐含的方式包含了有价值的模式。计算机具有比人类更强的处理能力，可以在很短的时间内从数据中找出这些有价值的模式，并且可以使用这些模式对相关事件做出预测和决策。如果开发人员构建了合适的机器学习系统，并保证可以进行持续的训练，那么模型即使在部署之后也继续学习。

> 以前，可能会在系统的几个组件中使用机器学习。现在，实际上是用机器学习来取代整个系统，而不是试图为每个组件建立更好的机器学习模型。
>
> —Jeff Dean

机器学习已经在不同的领域获得越来越多的应用，这些应用在不同的领域发挥的作用也不尽相同。下面是机器学习的一些具体应用。

（1）**医疗**：根据病人的症状做出医学诊断；

（2）**电子商务**：对预期需求进行预测；

（3）**法律**：对法律文件进行审查并告知律师存在问题的条款；

（4）**社交网络**：根据用户社交的偏好找到合适的社交对象；

（5）**金融**：根据历史数据预测股票价格。

上面的列表显然并不详尽，还有成百上千的机器学习的潜在应用。可以根据任务目标使用不同的方法创建机器学习模型。这些方法主要分为如下 4 种：监督学习、半监督学习、非监督学习和强化学习。

虽然每种方法在设计上都有着明显的差异，但它们都遵循相同的基本原则和理论基础。后面将详细地介绍这些方法。这里先分别简要介绍机器学习的相关领域，即人工智能、深度学习、大数据和数据科学。

2.2 机器学习的范围及相关邻域

只要阅读关于机器学习的书籍、文章，浏览相关的视频课程和博客文章，经常会看到人工智能、机器学习、深度学习、大数据和数据科学等术语。如果不清楚这些术语之间的差异，可以参考下面对这些术语表达的含义做出一些的介绍。

2.2.1 人工智能

人工智能是一个含义非常广泛的术语，不同的教科书对它的定义也有所不同。人工智能一词通常用来描述模拟人类智能和认知能力的计算机，通常将这种能力与人类的思维联系在一起。问题求解和学习就是这些认知能力的具体实例。人工智能领域包含了机器学习研究，因为人工智能系统能够从经验中学习。一般来说，具有人工智能的机器能够：

(1) 理解和解释数据；

(2) 学习数据；

(3) 根据从数据中提取的洞见和模式做出智能决策。

这些术语与机器学习密切相关。通过机器学习，人工智能系统可以学习并超越它们的意识水平。机器学习可以被用来训练人工智能系统，使人工智能系统变得更聪明。

2.2.2 深度学习

深度学习(Deep learning，DL)是机器学习的一个分支，可以使用多层神经元从原始数据中提取模式和特征。这些多层相互连接的神经元创建了如图 2-2 所示的人工神经网络。人工神经网络是模拟人脑工作机制的一种特殊机器学习算法。人工神经网络有许多不同的类型，它们各自有着不同的用途。综上所述，深度学习算法是机器学习算法的子集。

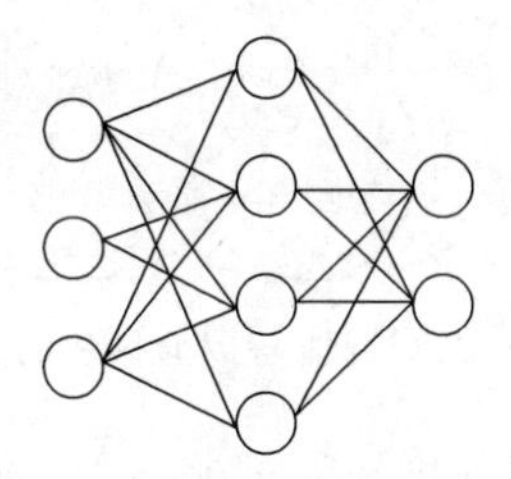

图 2-2 人工神经网络

如同机器学习一样，监督学习、半监督学习、非监督学习和强化学习这 4 种方式都适用于深度学习。在数据和算力充足的场合，深度学习几乎总是优于其他的机器学习算法。深度学习算法在图像处理、语音识别和机器翻译领域特别有用。

2.2.3 数据科学

数据科学是人工智能、特定领域知识、信息科学和统计学交叉的跨学科领域。数据科学家使用各种科学方法、过程和算法从数据中获得知识和见解。

与机器学习不同,数据科学研究的目标不一定是模型训练。数据科学的研究任务是从数据中提取知识,以支持人类的决策过程,而不创建一个人工智能系统。因此,尽管数据科学与其他相邻领域有交集,但数据科学与它们并不相同,因为数据科学不需要交付一个智能系统或训练有素的模型。

2.2.4 大数据

大数据是对传统数据处理方法和应用无法处理的海量数据进行高效分析的领域。更多的观察数据通常会带来更高的准确性,但较高的复杂性也会增加错误率。大数据研究的是在数据集规模非常庞大的场合,如何高效地捕获、存储、分析、搜索、共享、可视化和更新数据。大数据的研究成果既可以用于人工智能(及其子领域),也可以用于数据科学。大数据位于前面提到的所有其他领域的交叉点,它的方法对所有领域都至关重要。

2.2.5 分类图

上述相邻领域之间的关系如图 2-3 所示。

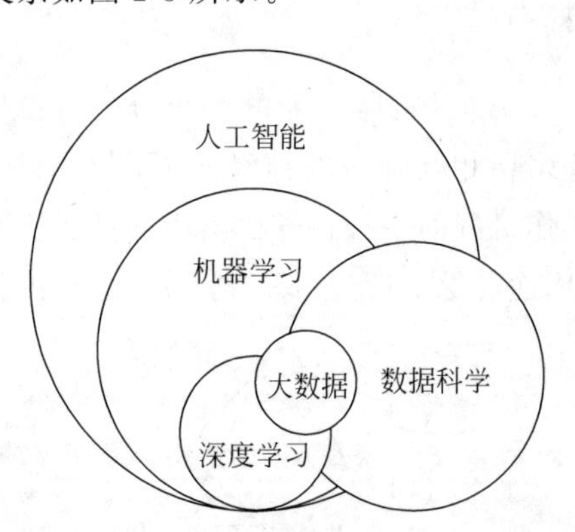

图 2-3　人工智能与数据科学的分类图

这种分类法清楚地说明了这些术语含义可能会发生歧义的原因。在谈论深度学习的时候,也可能是在谈论机器学习和人工智能。在做一个深度学习项目的时候,有些人可能会称之为数据科学项目或大数据项目。虽然这些命名不一定不正确,但确实会使人产生困惑。因此,了解这些领域之间的交集和差异是至关重要的。

2.3 机器学习方式和模型

机器学习主要根据学习反馈机制的性质不同分为监督学习、非监督学习、半监督学习和强化学习。

尽管可能会有某些复杂的机器学习解决方案不属于上述基本方式中的任何一种，但是大多数机器学习问题都可以通过上述方式得到解决。下面简要介绍这4种基本方式的问题求解范围及其应用示例。

这是一种非常重要的机器学习分类方式，有助于快速发现问题的本质，进行资源分析，并开发合适的解决方案。这些不同的方法通过一些适当算法解决相应的机器学习问题。监督学习主要用于解决分类和回归问题，非监督学习主要用于处理降维和聚类问题，半监督学习结合了监督学习和非监督学习方法，利用无标签数据完成分类任务，强化学习则用于寻找获得最高奖励的完美动作集。图2-4展示了这些方法的特点。

监督学习 标签数据 直接反馈 分类和回归	非监督学习 无标签数据 无反馈 聚类和降维
半监督学习 标记数据和未标记数据 部分反馈 分类和回归	强化学习 基于奖励的学习 直接反馈 学习系列动作

图2-4 几种机器学习方法的特点

2.3.1 监督学习

当数据集的记录中包含因变量值(或标签)时，可以采用监督学习方法。这种带有标签的数据在业内通常称之为标签数据或训练数据。例如，在使用体重、年龄和性别来预测一个人身高时，训练数据应包含体重、年龄和性别信息以及实际的身高信息。这些数据可以让机器学习算法发现身高和其他变量之间的关系，模型可以利用这些知识预测某个人的身高。

例如，可以根据已有垃圾邮件和非垃圾邮件之间的差异特征，比如邮件长度和邮件中特定的关键字，将电子邮件标记为“垃圾邮件”或“非垃圾邮件”。让机器学习模型从训练数据中学习，直到在训练数据上达到较高的准确度。

监督学习主要解决分类和回归这两个问题。对于分类问题，学习模型根据变量值实现对观察结果的分类。

在监督学习过程中，需要将大量带有标签的观察结果数据展示给模型。例如，在观察到成千上万客户的购物习惯和性别信息之后，模型就可以根据他们的购物习惯成功地预测新客户的性别。二元分类是关于两个标签类别的分组，例如男性和女性。再如，如图 2-5 所示预测图片中动物“是猫”或“不是猫”。

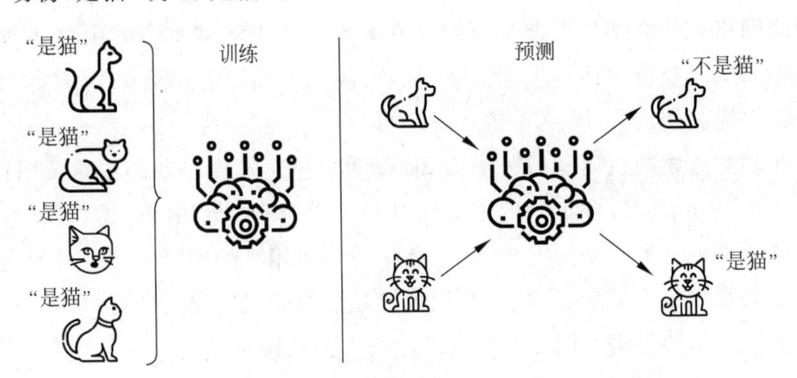

图 2-5　监督学习的分类问题[5]

关于两个以上标签类别的分类称为多元分类。例如，识别和预测图像上的手写字母和数字就是多元分类。

回归问题是利用其他变量（即自变量、解释变量或特征）和目标变量（即因变量、响应变量或标签）之间的关系来计算某个值。目标变量和其他变量之间关系的强度以及被观察到的解释变量的值是计算预测值的关键性决定因素。例如，根据客户的历史数据来预测他们会花多少钱就是一个回归问题。

适用于监督学习的机器学习算法有几十种。本书的重点是深度学习，在此只简要介绍一些比较流行的方法。

（1）线性与逻辑回归（Logistic Regression，LR）：线性回归是对数值响应变量 Y 与一个或多个解释变量 X 之间关系进行建模的一种线性方法。逻辑回归是一种与线性回归略微不同的方法。对于如表示性别的男/女等特定类别或事件进行建模通常会存在概率，因此，回归问题大多采用线性回归，分类问题则大多采用逻辑回归。

（2）决策树（decision tree）与集成方法：决策树是一种类似流程图的结构的决策支持工具，它将潜在的决策和不确定事件与它们的概率联系起来，从而创建一个能够预测可能结果的模型。也可以通过集成多个决策树的方式创建更加先进的机器学习算法，如随机森林算法。

（3）支持向量机（Support Vector Machine，SVM）：支持向量机通过构造超平面来分离可用于分类、回归或检测离群点的空间。例如，三维空间（如立方体）可以用某个二维平面（如正方形）分割成更小的块。这将有助于将观察数据分为两类。具体的应用程序可能比这个示例复杂得多。支持向量机由于其较高的准确率和较低的计算资源要求而成为一种流行的机器学习算法。

(4) *K* 近邻(*K*-Nearest Neighbor,KNN)算法：*K* 近邻算法是一种机器学习算法,可用于解决分类和回归问题。*K* 是用户定义的常数,表示算法需要包含的邻居数。在分类问题中,对于没有标记的新的观测数据,可以使用其邻居的标签预测这个新数据的标签。

(5) 神经网络(如多层感知器)：通常将前馈神经网络、卷积神经网络(Convolutional Neural Network,CNN)和循环神经网络(Recurrent Neural Network,RNN)用于监督学习问题,后面章节将进行详细介绍。

2.3.2 非监督学习

非监督学习是一种使用无标签数据集进行推断的机器学习方法。聚类分析一种非常重要的非监督学习类型。聚类分析完成的是一种分组任务,对于这种分组任务,一个组(即一个集群)的成员彼此之间比其他组的成员更加相似。目前有很多具体的聚类分析算法。这些算法通常使用某种欧氏距离或概率距离作为相似性的度量。生物信息序列分析、遗传聚类、模式挖掘和目标识别是可以使用非监督学习方法解决的聚类问题。

数据降维是非监督学习的另一个主要用途。维数相当于数据集中所使用特征的数量。有些数据集可能会有数百个特性,其中有些特征之间可能是高度相关的。此时,要么使用特征选择方法选择最好的特征,要么使用特征提取方法通过结合已有的特征提取出新的特征。这就是非监督学习发挥作用的地方。数据降维方法帮助去除一些噪声和不必要的功能,创建更加整洁、干净的模型,

也可将非监督学习用于解决异常检测问题和生成系统。下面简要介绍一些流行的非监督机器学习模型。

(1) 分级聚类：分级聚类是一种非监督算法,用于对具有相似特征的无标签观测数据进行增量分组。分级聚类可以使用聚集(自底向上)方法或分裂(自顶向下)方法。可以使用树的结构表示集族的分级结构。

(2) *k* 均值聚类：*k* 均值聚类是一种流行的非监督学习算法。*k* 是一个用户分配的常数,表示需要创建集族的数量。*k* 均值聚类根据数据样本点到聚类中心的距离将所有观察数据分成 *k* 个不同的集族。

(3) 主成分分析(Principal Component Analysis,PCA)：主成分分析广泛用于降维。主成分分析法的目标是找到关于两个或多个变量的某个线性组合,这些变量称为主成分。可以使用主成分分析法降低模型维度的复杂性,使得模型训练变得更容易,并且可以提升问题分析和数据可视化的速度。

(4) 神经网络：用于非监督学习的神经网络主要有自编码器、深度置信网络、赫布(Hebbian)型学习、生成对抗网络(Generative Adversarial Networks, GAN)和自组织映射

等。后面章节将进行详细介绍。

2.3.3 半监督学习

半监督学习是一种结合了监督学习和非监督学习特点的机器学习方法。半监督学习方法在只有少量标记数据和大量未标记数据时特别有用。半监督学习的监督学习特征有助于利用少量的标签数据,非监督学习特征则有助于利用大量的无标签数据。

如果半监督学习在现实生活中有具体应用就好了。尽管监督学习是一种强大的方法,数据标签却是一个昂贵和耗时的过程。另一方面,大量数据即使没有被标记,它们也可能是有用的。因此,如果操作正确,半监督学习可能会成为实际使用中最合适、最富有成效的一种机器学习方法。

对于半监督学习,通常首先需要对无标签数据进行聚类。然后,使用标签数据标记集族中的无标签数据。最后,获得大量标签数据实现对机器学习模型的训练。半监督学习模型可以利用大量数据,因此非常强大。

半监督学习模型通常将现有监督和非监督机器学习算法进行改进和组合,已成功应用于语音分析、内容分类和蛋白质序列分类等多个领域。这些领域的相似之处在于,它们提供了大量的无标签数据,却只有少量的标签数据。

2.3.4 强化学习

强化学习是机器学习的主要方法之一,它关注的是在特定环境中寻找智能体最优的动作,使得奖励最大化。智能体通过学习完善它的动作以获得最大可能的累积奖励。强化学习有 4 个主要元素。

(1) 智能体:可训练的程序,执行分配给它的任务。

(2) 环境:智能体完成任务的真实或虚拟世界。

(3) 行为:智能体的动作,可能会导致环境中状态发生改变。

(4) 回报:基于智能体某个行为的正面或负面的报酬。

强化学习可以在现实世界和虚拟世界中使用。例如,创建一个可改进的广告放置系统,根据不同设置产生的广告收入来决定在网站上放置多少广告。广告放置系统是一个极好的实际用例。此外,可以使用强化学习方法训练某个智能体在电子游戏中与其他玩家(通常称为 bot)进行竞争。最后,还可以使用强化学习方法对机器人动作进行虚拟或实际训练。强化学习的若干主流模型如下:

(1) Q 学习;

(2) SARSA(State-Action-Reward-State-Action);

(3) 深度 Q 网络(Deep Q-Network,DQN);

(4) 深度确定性策略梯度(Deep Deterministic Policy Gradient,DDPG)。

现有深度学习框架的一个缺点是缺乏对强化学习的全面支持，TensorFlow 也不例外。深度强化学习的应用开发需要使用 Keras-RL、TF. Agents、Tensorforce 等现有深度学习库的扩展库，或者使用 Open AI Baselines 和 Stable Baselines 等一些强化学习专用库。因此，本书对强化学习不做深入讨论。

2.4 机器学习的基本步骤

经过多年的研究，机器学习的基本流程已经比较完善，可以通过这个基本流程准确地建立和训练模型。尽管在不同场合基本流程可能会有一些细微的差别，但基本原理是相同的。机器学习的基本步骤包括数据收集、数据准备、模型选择、训练、评价、调优超参数、预测。

2.4.1 数据收集

数据是机器学习模型的"燃料"。没有正确的数据，就无法达到高精度这个预期的目标。这些数据必须数量足够大、质量足够高。因此，对于一个成功的机器学习项目而言，所获得数据的质量和数量都是非常重要的。事实上，数据收集是机器学习项目中最具挑战性的部分之一。但不用担心，借助 Kaggle 和加州大学欧文分校 Repository 等平台，就可以跳过数据收集这一步，至少从教育的角度来说是这样的。这个步骤的结果就是数据的表示，例如可以将数据表保存为 CSV(Comma-Separated Values)文件。

2.4.2 数据准备

对于收集的数据，需要对它们进行以下处理，为使用这些数据进行模型构建和训练做好准备。

(1) 对数据进行初始清洗和转换。通常会包括但不限于如下几个任务：处理缺失值、删除重复值、纠正错误、将字符串转换为浮点数、将数据规范化以及生成虚拟变量等。

(2) 将数据进行随机化处理，消除由于数据收集时间产生的额外的数据相关性。数据在清洗和随机化处理之后，可以使用数据可视化工具发现变量之间的关系，在后续的模型构建过程中起到作用。还可以通过数据可视化检测类别失衡现象和异常值。

(3) 将准备好的数据集分割为训练和评价(即测试)数据集。

2.4.3 模型选择

可以根据需要解决问题的特点尝试使用不同的机器学习算法，以获得最佳性能的模型。如果没有机器学习库和深度学习库，编写关于整个模型的算法将非常耗时。有了这些代码库，就可以先从机器学习库的若干备选模型中快速选择需要构建模型的类型，通过后续的模型训练就可以轻松找到性能最好的模型。

2.4.4 训练

既然已经选择了一个算法(或多个算法)用于构建模型(或多个模型),并且已经准备好了样本数据,那么就可以将这些数据输入到模型中,并观察它或它们的模型优化变量。训练的目标是做出最多的正确预测或最少的错误。例如,如果使用线性回归,那么模型方程为:

$$y = mx + b$$

其中,y 是因变量;x 是自变量;m 是斜率;b 是截距。

线性回归模型试图找到最优的斜率(m)和截距(b)值,使得 y 的实际值和预测值之间的差异最小。对模型的完善需要反复执行若干训练步骤,直到所选的模型性能指标没有进一步的增长。

2.4.5 评价

在使用训练数据完成对模型的训练之后,应该立即使用模型从未见过的测试数据集来测试训练模型。采用模型未见过的数据可以为模型提供一个客观的性能评分。关于数据集的训练/测试分割,理想的比例通常是 80/20、90/10 或 70/30,这取决于具体的问题领域。在某些情况下,数据科学家还会留出验证数据集。

1. 交叉验证

在数据比较有限的时候,数据科学家通常使用交叉验证技术进行模型评估技术。本书经常在模型评估中使用交叉验证技术。

交叉验证是一种用于模型评估的重采样技术。在 k 倍交叉验证中,数据集被分成 k 个小组,将其中的某一组作为测试数据并切换 k 次,每组只进行一次测试。最后,得到一个更加可靠的模型性能评估结果。

模型评价是检查模型是否过度拟合的一个特别重要的步骤。在模型优化的过程中,过于灵活的机器学习模型倾向于创建一组非常复杂的变量值来捕获数据中的所有变化。将这种模型部署到实际应用场合可能会出问题,因为使用数量有限的训练数据实现对模型的优化通常会产生短视效应。

2. 过度拟合

过度拟合是一种机器学习问题,当模型预测值与观测值之间的差异太过接近时就会发生这种情况。存在过拟合问题的模型,往往对训练数据表现良好,但对测试数据和实际应用表现较差。

模型应该具有较高的精确,但也要有普适性。在机器学习研究中,通常会考察偏差与方差之间的权衡。在引入模型的偏差水平和观测到的方差水平之间必须有一个平衡,以便模型在现实生活中提供有意义和可靠的预测。

3. 偏差和方差权衡

偏差和方差权衡是机器学习模型的一个特性。偏差是模型为简化优化过程而做出的假设。方差是对目标函数输出值分布的度量。虽然偏差会让模型变得简单，但可能无法得到可靠的预测。另外，高方差会损害获得有意义结果的能力。

这些是评估机器学习模型时需要注意的一些属性。如果需要很小心地应对偏差-方差权衡和过拟合问题，可以用交叉验证技术完成对模型的训练。衡量模型训练的成功则需要根据具体问题选择适当的性能指标。

参考图 2-6 所示的混淆矩阵就可以理解模型是如何执行的。使用混淆矩阵，不仅可以计算模型的准确率(Accuracy)，还可以计算模型的召回率(recall)、精确率(Precision)和 F1 得分。

预测值

观测值

	Positive	Negative
Positives	True Positives	False Negatives
Negative	False Positives	True Negatives

图 2-6　分类问题的混淆矩阵

还可以使用基于误差的度量标准来衡量模型的性能。实际观测值和预测值之间的差异叫做误差。通过综合计算，可能会发现诸如均方根误差(Root Mean Squared Error, RMSE)、均方误差(Mean Squared Error, MSE)和其他统计指标。使用这些指标可以度量特定回归模型的性能。

2.4.6　调优超参数

有了训练和测试数据集上的模型性能度量结果，就可以通过调整模型超参数进一步提高模型性能。学习率、训练步骤的数量、初始化值、历元(epoch)大小、批次(batch)的大小和概率分布的类型都是可以使用的超参数。超参数调优通常被称为一种艺术而不是一门科学。数据科学家利用他们的直觉尝试不同的超参数组合，以达到最好的模型性能。

2.4.7　预测

至此，已经完成了调优超参数的模型训练。现在可以用已训练的模型进行预测但预测步骤并不是学习过程的结束。在收到真实世界的反馈后，可以对模型做进一步的训练、评估和调整，以适应数据科学问题不断变化的本质。

2.5 小结

本章简要介绍了包括深度学习在内的机器学习基本知识，对人工智能、机器学习、深度学习、数据科学和大数据等领域进行了分析和比较。

首先介绍了监督学习、非监督学习、半监督学习和强化学习等机器学习主要方法，以及与这些方法一起使用的若干流行的机器学习模型。

然后，介绍了机器学习的基本步骤，阐明了数据的收集和清洗是成功构建和训练机器学习模型的必要步骤。

第 3 章具体介绍深度学习，本章对机器学习的简单介绍主要为第 3 章提供服务。

第3章 深度学习与神经网络概述

深度学习越来越受欢迎的一个很好的理由是：**它具有惊人的精度**。特别是在拥有丰富的数据和足够算力的场合，深度学习是机器学习专家的首选。深度学习与传统机器学习算法的性能对比如图3-1所示。

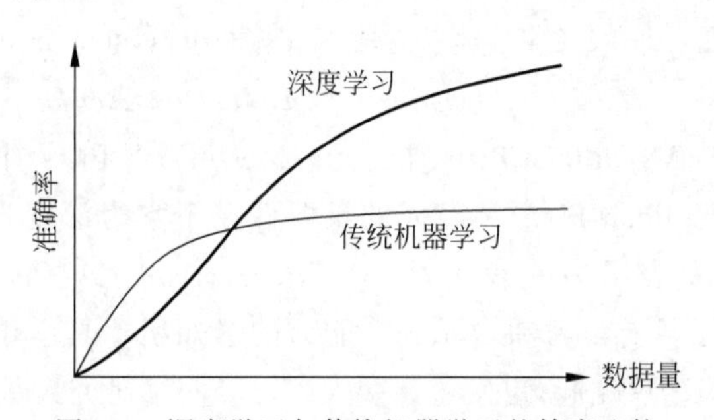

图3-1 深度学习与传统机器学习的精度比较

深度学习是机器学习的一个分支，它通过模仿人类大脑的数据处理和模式生成能力实现自动决策。与其他机器学习算法相比，深度学习的精度明显较高，这有助于机器学习专家广泛采用深度学习算法。正是有了人工神经网络，深度学习才成为可能。人工神经网络是模拟人脑神经元的网络结构，可以使用这种网络结构进行深度学习。图3-2表示某个具有深度学习能力的人工神经网络。

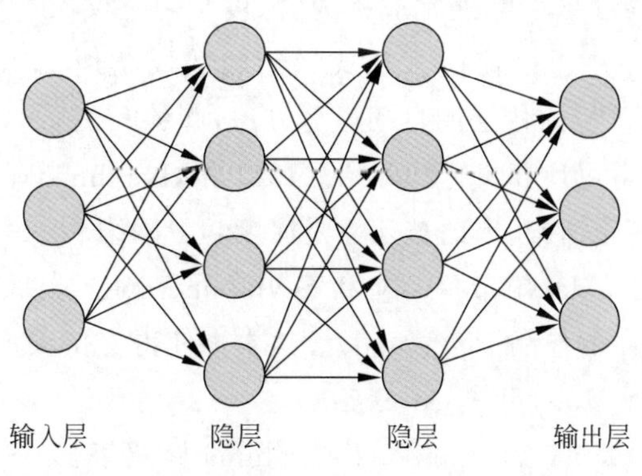

图3-2 具有两个隐层的人工神经网络

有些人认为深度学习是一个新的发明领域，因为它推翻了其他机器学习算法。然而，关于人工神经网络和深度学习的研究可以追溯到20世纪40年代。最近深度学习的兴起主要是因为获得了大量的可用数据，更重要的是因为获得了廉价而丰富的处理能力。

本章给出深度学习的概述，介绍和讨论在深度学习中经常使用的关键概念，包括激活函数、损失函数、优化器和反向传播、正则化和特征缩放等。首先，介绍人工神经网络和深度学习的历史，以便对深度学习若干概念的根源有一定的认识，这些概念会在书中经常出现。

3.1 神经网络和深度学习研究的时间轴

神经网络和深度学习研究的时间表并不是由一系列不间断的进展构成。事实上，人工智能领域经历了几次衰退，这被称为人工智能的冬季。下面深入考察神经网络和深度学习的历史，这段历史始于1943年。

人工神经元的发展——1943年，学术先驱Walter Pitts和Warren McCulloch发表了论文*A Logical Calculus of the Ideas Immanent in Nervous Activity*，提出了一个关于生物神经元的数学模型——**McCulloch Pitts神经元**。McCulloch Pitts神经元的能力是最小的，它没有学习机制。McCulloch Pitts神经元的重要性在于它为深度学习奠定了基础。1957年，Frank Rosenblatt发表了另一篇论文*The Perceptron: A Perceiving and cognition Automaton*，文中介绍了具有学习和二元分类能力的**感知机**。具有革命性的感知机模型在Mcculloch Pitts神经元之后崛起，启发了许多人工神经网络研究人员。

反向传播——1960年，Henry J. Kelley发表了论文*Gradient Theory of Optimal Flight Paths*，文中给出了一个关于连续反向传播的示例。反向传播是深度学习的一个重要概念，本章将讨论这个概念。1962年，Stuart Dreyfus在他的论文*The Numerical Solution of Variational Problems*中使用链式法则改进了反向传播方法。反向传播这个术语是由Rumelhart、Hinton和Williams在1986年创造的，他们使得反向传播方法在人工神经网络领域得到普遍应用。

训练和计算机化——1965年，通常被称为“深度学习之父”的Alexey Ivakhnenko建立了神经网络的层次表示，并通过使用多项式激活函数成功地训练了这个模型。1970年，Seppo Linnainmaa提出了反向传播的自动微分方法，并编写出了第一个反向传播程序。这一发展可能标志着深度学习计算机化的开始。1971年，Ivakhnenko创建了一个8层的神经网络模型，由于其具有多层结构，因此被认为是深度学习网络。

AI寒冬——1969年，Marvin Minsky和Seymour Papert出版*Perceptrons*，书中猛烈抨击了Frank Rosenblatt的作品*Perceptron*。这本书使得支持人工智能事业的基金极度缩水，并引发了从1974年到1980年的**AI寒冬**。

卷积神经网络——1980年，Kunihiko Fukushima介绍了neocognitron模型，这是第一

个 CNN，它可以识别视觉模式。1982 年，Paul Werbos 提出可以在神经网络中使用反向传播来最小化误差，人工智能社区广泛采纳了这一建议。1989 年，Yann LeCun 使用反向传播训练 CNN 识别 MNIST（Modified National Institute of Standards and Technology）数据集中的手写数字。第 7 章提供了一个类似的案例研究。

循环神经网络——1982 年，John Hopfield 引入了 Hopfield 网络，这是循环神经网络的早期实现。循环神经网络是最适用于序列数据的革命性算法。1985 年，Geoffrey Hinton、David H. Ackley 和 Terrence Sejnowski 提出了玻耳兹曼机（Boltzmann Machine，BM），这是一种没有输出层的随机 RNN。1986 年，Paul Smolensky 提出了一种新的玻耳兹曼机器，它在输入层和隐层中没有层内连接，被称为受限玻耳兹曼机（Restricted Boltzmann Machine，RBM）。受限玻耳兹曼机在推荐系统领域得到成功的应用。1997 年，Sepp Hochreiter 和 Jürgen Schmidhuber 发表了论文，介绍了一种改进的 RNN 模型：长短期记忆（Long Short-Term Memory，LSTM），本书将在第 8 章中讨论这个模型。2006 年，Geoffrey Hinton、Simon Osindero 和 Yee Whye The 集成了几个受限玻耳兹曼机，创建了深度置信网络（Deep Belief Network，DBN），提高了受限玻耳兹曼机的能力。

深度学习的能力——1986 年，Terry Sejnowski 开发了 NETtalk，这是一种基于神经网络的从文本到语音的系统，可以让英语文本发音。1989 年，George Cybenko 在论文 *Approximation by Superpositions of a Sigmoidal Function* 中指出，具有单一隐层的前馈神经网络**可以逼近任意连续函数**。

梯度消失问题——1991 年，Sepp Hochreiter 发现并证明了梯度消失问题，这减缓了深度学习的发展进程，使得深度学习变得不切合实际。在 20 年后的 2011 年，Yoshua Bengio、Antoine Bordes 和 Xavier Gloot 等研究人员发现，采用线性整流单元（ReLU）作为激活函数可以防止梯度消失问题的发生。

用于深度学习的 GPU——2009 年，Andrew Ng、Rajat Raina 和 Anand Madhavan 在论文 *Large-Scale Deep Unsupervised Learning Using Graphics Processors* 中推荐使用 GPU 进行深度学习，因为 GPU 的核数比 CPU 的核数多得多。这种切换减少了神经网络的训练时间，使得深度学习的应用变得更加可行。随着 GPU 在深度学习领域的使用越来越多，Google 开发了 TPU 等专门用于深度学习的 ASIC 器件，GPU 制造商也开发出相应的并行计算平台，如 Nvidia 的 CUDA 和 AMD 的 ROCm。

ImageNet 和 AlexNet——2009 年，Fei-Fei Li 启动了一个名为 ImageNet 的数据库，其中包含 1400 万张带标签图片。ImageNet 数据库的创建为面向图像处理的神经网络发展做出了贡献，因为丰富的样本数据是深度学习的一个重要组成部分。自从 ImageNet 数据库创建以来，每年都会举办一些比赛来改进关于图像处理的研究。2012 年，Alex Krizhevsky 设计了一个使用 GPU 训练的 CNN AlexNet，与之前的模型相比，模型的预测精度提高了 75%。

生成对抗网络——2014 年,Ian Goodfellow 在当地酒吧与朋友聊天时,提出构建一种新型神经网络模型的想法。这个革命性的模型是在一夜之间设计出来的,现在被称为生成对抗网络。这种模型能够生成艺术、文本和诗歌,并且可以完成许多其他创造性的任务。本书第 12 章中给出了一个关于 GAN 模型实现的案例研究。

强化学习的力量——2016 年,DeepMind 训练了一个深度强化学习模型 AlphaGo,它可以下围棋。围棋被认为是比国际象棋复杂得多的游戏,AlphaGo 在 2017 年的围棋比赛中击败了世界冠军柯洁。

图灵奖:深度学习的先驱——2019 年,三位人工智能领域的先驱 Yann LeCun、Geoffrey Hinton 和 Joshua Bengio 分享了图灵奖。这个奖项证明了深度学习对计算机科学领域的重要性。

3.2 人工神经网络的结构

在深入考察深度学习基本概念之前,先回顾一下现代深度神经网络的发展历程。现今可以轻易地找到数百层和数千个神经元的神经网络示例,但在 20 世纪中叶之前,人工神经网络这个术语甚至根本不存在。这一切都始于 1943 年问世的一个简单人工神经元——McCulloch Pitts 神经元,它只能做简单的数学计算,没有学习能力。

3.2.1 McCulloch-Pitts 神经元

McCulloch Pitts 神经元于 1943 年问世,它只能进行基本的数学运算。每个事件都被赋予某个布尔值(0 或 1),如果事件结果(0 或 1)的总和超过某个阈值,那么人工神经元就会触发。McCulloch Pitts 神经元的 OR 和 AND 运算可视化示例如图 3-3 所示。

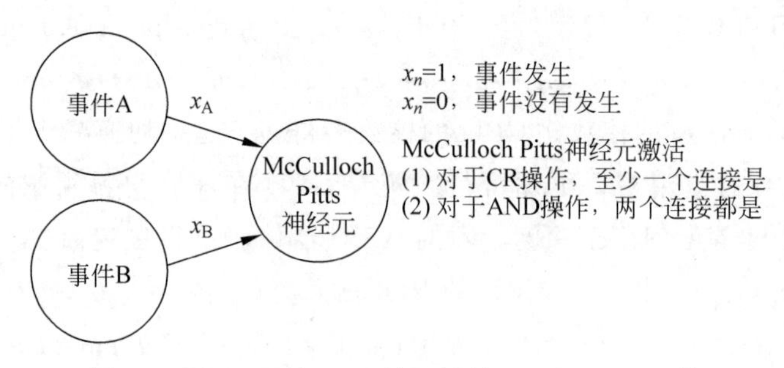

图 3-3 McCulloch Pitts 神经元的 OR 和 AND 运算

由于 McCulloch Pitts 神经元中来自事件的输入只能是布尔值(0 或 1),所以它的计算能力是最小的。线性阈值单元(Linear Threshold Unit,LTU)的开发解决了这一限制。

1. 线性阈值单元

在 McCulloch Pitts 神经元中,每个事件的重要性都相等。因为现实世界大多数的事件不符合这种简单设置,这是有问题的。为了解决这个问题,1957 年引入了 LTU。在 LTU 中,权重被分配给每个事件,这些权重的取值可正可负。每个事件的结果仍然被赋予某个布尔值(0 或 1),但随后与分配的权重相乘。只有当这些加权计算结果的总和为正时,LTU 才被激活。图 3-4 为 LTU 的可视化表示,LTU 是当今人工神经网络的基础。

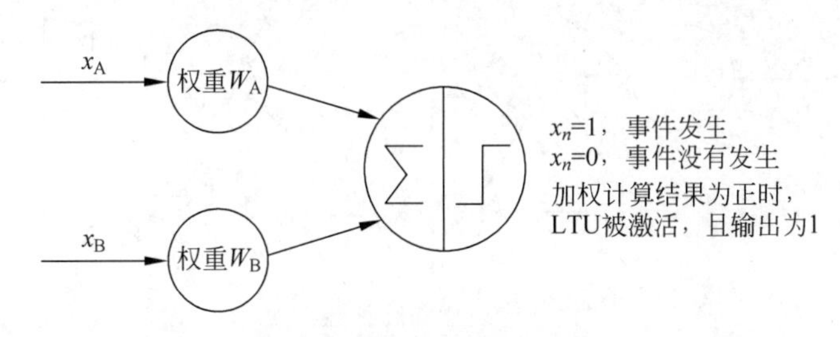

图 3-4 LTU 的可视化表示

2. 感知机

感知机是一种用于监督学习的二元分类算法,由一层 LTU 组成。在感知机中,LTU 使用与输入相同的事件输出。感知机算法可以通过调整权值来修正神经网络的行为。此外,还可以添加偏置项来提高网络模型的精度。

只有一层的感知机称为单层感知机。单层感知机有一个输出层和一个接收输入的输入层。在单层感知机中添加隐层,就可以得到多层感知机(Multi-layer Perceptron,MLP)。MLP 是一种深度神经网络,通常构建的人工神经网络就是 MLP 的具体示例。图 3-5 为单层感知机的可视化表示。

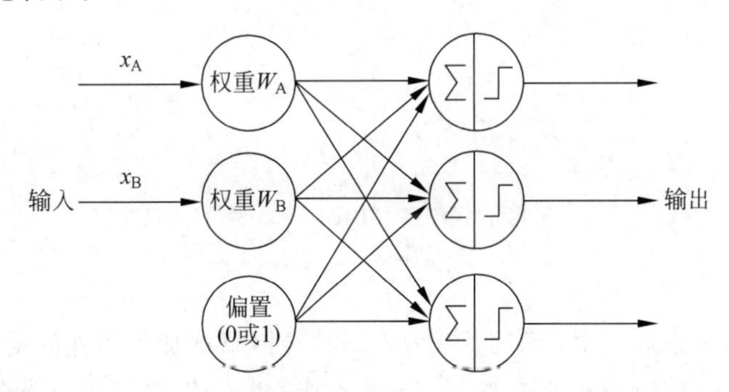

图 3-5 单层感知机的可视化表示

3.2.2 现代深度神经网络

现在使用的深度神经网络是 MLP 的改进版本。通常使用比阶跃函数(0 或 1)更加复杂的激活函数,如 ReLU、Sigmoid、Tanh 和 Softmax。现代深度神经网络通常使用梯度下降法进行优化。图 3-6 给出了现代深度神经网络的结构。

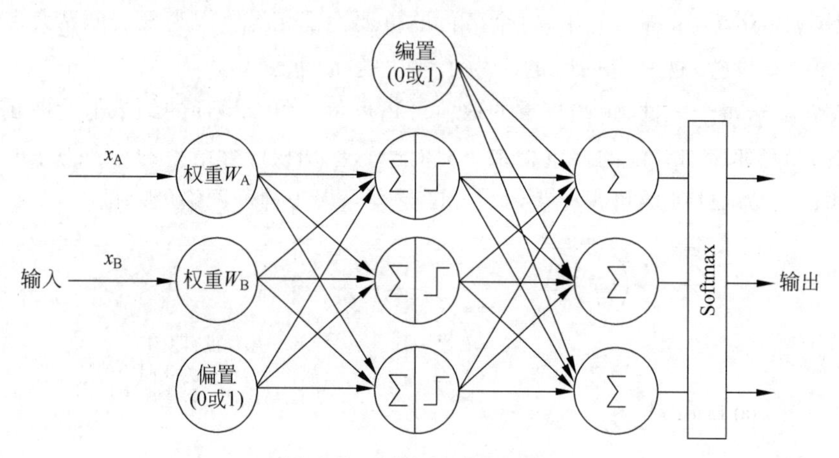

图 3-6　现代深度神经网络

已经了解了从 McCulloch Pitts 神经元到现代深度神经网络的发展历程，下面深入讨论深度学习领域中经常用到的若干基本概念。

1. 激活函数

激活函数是用来帮助人工神经网络从数据中学习复杂模式的函数。通常每个神经元的末端都有一个激活函数，它会影响神经元向下一个神经元发出的信号。换句话说，神经元的激活函数在给定一个或一组输入后确定该神经元的输出，如图 3-7 所示。

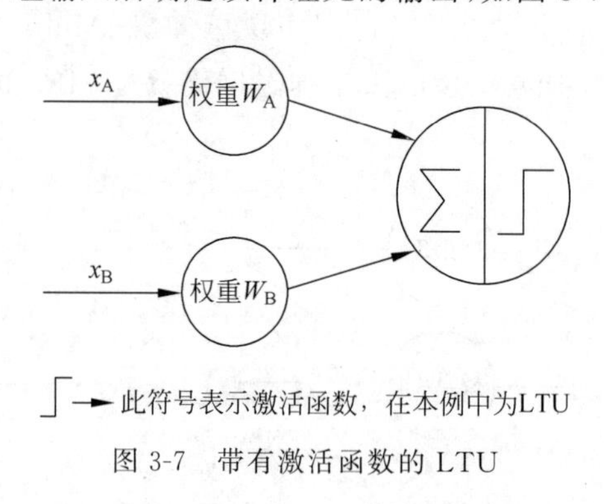

图 3-7　带有激活函数的 LTU

激活函数引入了最后一个计算步骤，为人工神经网络增加了额外的复杂性。因此，激活函数增加了所需的训练时间和处理能力。为什么要在神经网络中使用激活函数呢？答案很简单：激活函数增加了神经网络使用相关信息和抑制不相关信息的能力。如果没有激活函数，神经网络就只能进行线性变换。虽然没有激活函数可以使得神经网络模型更加简单，但会降低模型的功能，并且不能收敛于复杂的模式结构。没有激活函数的神经网络本质上只是一个线性回归模型。

可用于神经网络的激活函数有很多，常用的激活函数有 Binary Step、Linear、Sigmoid、Tanh、ReLU（Rectified Linear Unit）、Softmax、Leaky ReLU、参数化 ReLU、ELU（Exponential Linear Unit）、Swish。

其中，Tanh、ReLU 和 Sigmoid 激活函数广泛用于对单个神经元的激活。Softmax 通常用于神经网络的最后一层。图 3-8 给出了 Tanh、ReLU 和 Sigmoid 的函数图像。

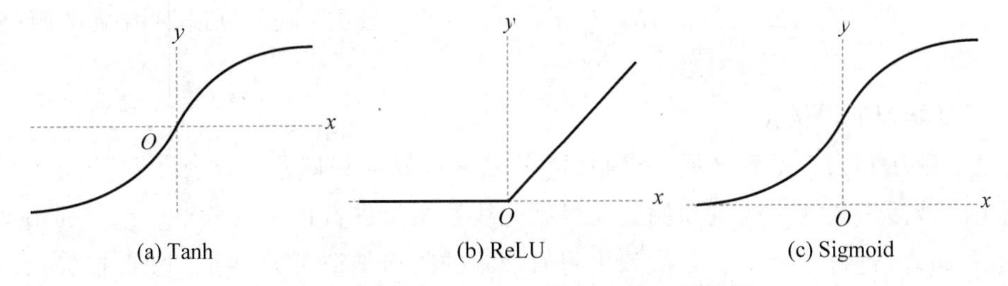

图 3-8 Tanh、ReLU 和 Sigmoid 的函数图像

不同的激活函数通常适用于不同性质的问题。尽管 ReLU、Tanh 和 Sigmoid 函数通常在深度学习中收敛得很好，但还是应该尝试所有可能的函数来优化训练过程，以便获得尽可能高的模型精度。ReLU、Tanh 和 Sigmoid 函数之间主要区别如下。

(1) ReLU 函数是一种应用广泛的通用激活函数。ReLU 主要用于隐层。如果有死亡神经元，Leaky ReLU 可以修复潜在的问题。

(2) Sigmoid 函数比较适合分类任务。

(3) Sigmoid 函数和 Tanh 函数可能会导致梯度消失。

模型优化训练的最佳策略是从 ReLU 开始，然后尝试其他激活函数，看看性能是否有所提高。

2. 损失(代价或误差)函数

损失函数是用来衡量对于给定数据的深度学习模型性能的函数。损失函数通常基于误差，即实际(测量)值与训练模型预测值之间的差异：

$$e_i = y_i - \hat{y}_i$$

其中，e_i 为误差；y_i 为实际值；$\hat{y}_i$ 为预测值。

误差＝实际值－预测值

因此，每做一次预测都会有一个误差。如果处理的是数以百万计的数据点，则需要使用一个综合函数从这些单独的误差中计算得到最终的差异，由此获得一个用于性能评估的统一值。根据以上分析，可以将这个综合函数称为**损失函数**或**误差函数**。

可以对模型的性能进行评价的损失函数有很多种，选择合适的损失函数是构建模型的一个重要步骤。这种选择必须基于问题的性质。对于需要惩罚大误差的回归问题，均方根误差是比较适合的损失函数，对于多元分类问题，则需要选择多元交叉熵。

此外，损失函数可以聚合误差项生成统一值，因此可将损失函数用作强化学习中的奖励。本书将主要使用带有误差项的损失函数，但需要注意的是，也可能将损失函数作为奖励的度量。

有多个用于深度学习的损失函数。均方根误差、均方误差、平均绝对误差（Mean Absolute Error，MAE）和平均绝对百分比误差（Mean Absolute Percentage Error，MAPE）是一些适合于回归问题的损失函数。对于二元和多元分类问题，可以使用交叉熵（对数）函数。

3. 深度学习的最优化

讨论了激活和损失函数之后，下面就可以讨论对权重和偏差的优化了。神经元和网络层中使用的激活函数对由权重和偏置项得到的线性结果进行最终的调整。可以利用这些参数（权重和偏差）进行预测。实际值和预测值之间的距离被记录为误差。使用损失函数将这些误差值聚合成单个综合值。除了这个过程之外，优化函数对权重和偏差进行小的更改，并使用损失函数衡量这些更改的效果。这个过程有助于找到最优的权重和偏差值，以最小化误差，最大限度地提高模型的准确度。这个训练周期如图 3-9 所示。

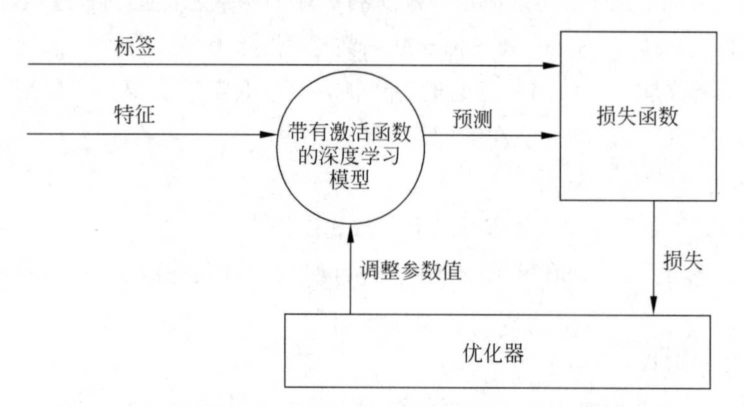

图 3-9 带有损失函数、激活函数和优化器的深度学习模型训练

4. 反向传播

优化过程会遇到多种优化算法和挑战。本节简要介绍这些优化功能和挑战。在此之前，考察一个名为反向传播的基本概念。

反向传播算法是神经网络结构中用于与优化器进行并行迭代的重要组成部分。它是神经网络学习的核心机制。propagate 的意思是传播某物。因此，backpropagation 意思是反向传输信息。这正是反向传播算法所做的工作：它将计算出的损失代回系统，优化器使用它调整权重和偏差。这个过程可以一步一步地进行，具体如下：

(1) 训练后的神经网络根据当前的权重和偏差进行预测；

(2) 将损失函数作为单个的误差值度量神经网络的性能；

(3) 将这个误差值反向传播到优化器，重新调整权重和偏差；

(4) 重复上述步骤，优化算法利用反向传播算法提供的信息，对神经网络中的权重和偏差进行优化。下面考察最优化算法(即优化器)，它与反向传播机制并行使用。

5. 最优化算法

优化算法可以定义为一种帮助另一种算法无延迟地最大化其性能的算法。深度学习是优化算法被广泛应用的一个领域。深度学习中最常用的最优化算法包括 Adam、SGD、Adadelta、Rmsprop、Adamax、Adagrad、Nadam 等。

所有这些优化器以及前述损失和激活函数都可以在 TensorFlow 中使用。在实际应用中最常用的是 Adam 优化器和随机梯度下降(Stochastic Gradient Descent，SGD)优化器。考察所有优化器之母——梯度下降和 SGD，以便更好地理解优化算法的工作原理。

SGD 是梯度下降法的一种变体。SGD 作为一种迭代优化方法被广泛应用于深度学习。SGD 的起源可以追溯到 20 世纪 50 年代，它是最古老但比较成功的一种优化算法。

梯度下降法是一类用于最小化神经网络总损失的优化算法。它有几种实现方式。梯度下降的实现：原始梯度下降——或批梯度下降——算法在每个历元使用整个训练数据。SGD 随机选择一个观测值来衡量由于权重和偏差的变化而导致的总损失变化。最后，小批量梯度下降使用小批量数据，这样的训练仍然快速且可靠。

6. 历元

历元是超参数，表示使用训练数据集调整神经网络权重的次数。

图 3-10 表示梯度下降算法的工作原理。当机器学习专家选择更快的学习速度时，就会使用较大的步长。

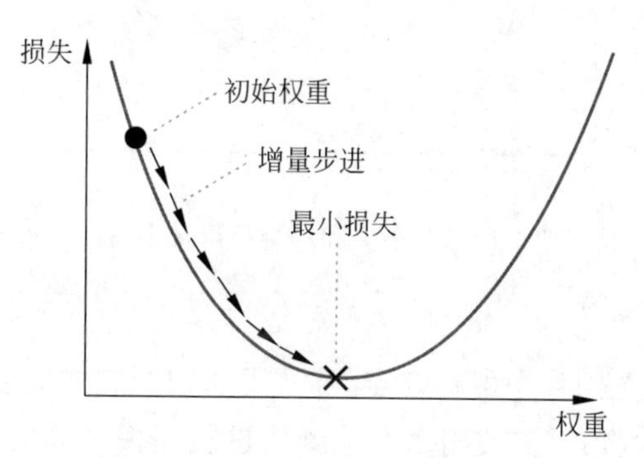

图 3-10　梯度下降的权重-损失

7. 学习率

学习率(learning rate)是优化算法中的参数，它调节每次迭代所采取的步长，使得损失函数向前移动到最小值点。学习速度较快，模型可以较快地收敛到最小值点附近，但可能会超过实际的最小值点。学习速度较慢，优化计算则可能需要较多时间。必须选择最优的学习速率，使得模型在合理的时间内找到所需的最小值点。

3.3 深度学习的优化算法

本书没有深入其他优化算法的细节,因为它们大多是梯度下降方法的某种改变或改进。因此,了解梯度下降算法就足够了。本节将考察在模型训练过程中面临对优化计算产生负面影响的挑战,以及开发了哪些优化算法来缓解这些挑战。

3.3.1 最优化面临的挑战

深度学习的最优化经常会面临局部最小值、鞍点和梯度消失三方面的挑战,下面对此进行简要讨论。

1. 局部最小值

从学习的角度看,对于神经网络的训练过程,具有单个最小值的简单权重-损失图像可能有助于形象化理解权重和损失之间的关系。然而,在实际问题中,这个图像可能包含许多局部极小值,优化算法可能收敛于某个局部极小值点而不是全局极小值点。图 3-11 表示模型如何卡在了局部最小值。

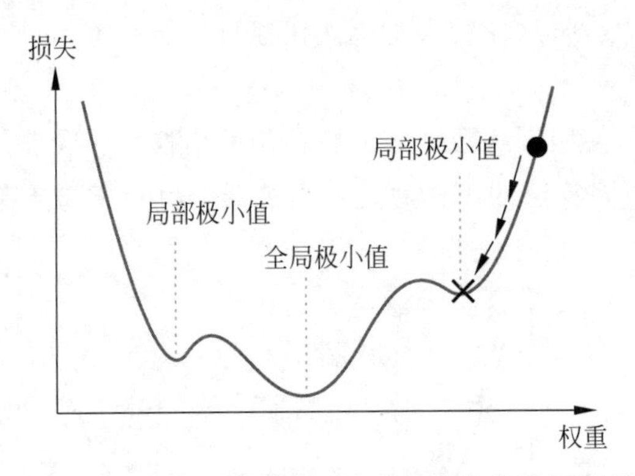

图 3-11 具有两个局部最小值和一个全局最小值的权重-损失图像

2. 鞍点

鞍点(saddle point)是图像中的稳定点,算法无法判断它是局部极小值点还是局部极大值点。鞍点两边的斜率都为零。使用多个观测值进行损失计算的优化器可能会卡在鞍点。因此,SGD 是解决鞍点问题的一种合适方法。图 3-12 表示某个带有鞍点的简化图像。

3. 梯度消失

过度使用某些激活函数(如 Sigmoid 函数)可能会对优化算法产生负面影响。因为在损失函数梯度趋近于零的时候很难降低损失函数的输出。使用 ReLU 作为隐层的激活函数是解决隐层消失梯度问题的一个有效方法。Sigmoid 函数激活函数——消失梯度问题的主要原因——及其导数如图 3-13 所示。

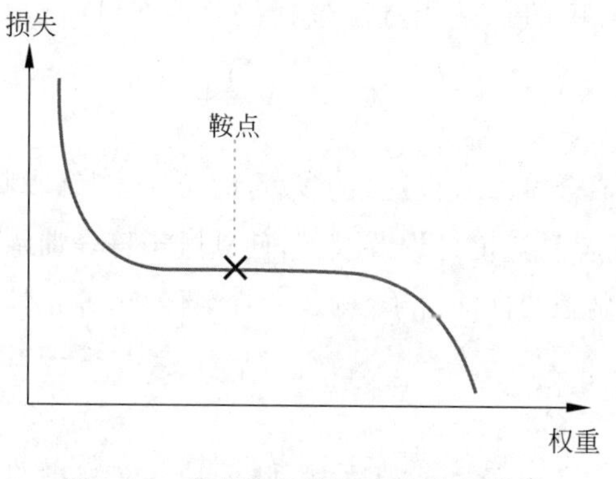

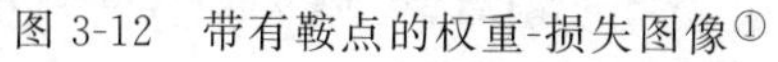
图 3-12 带有鞍点的权重-损失图像①

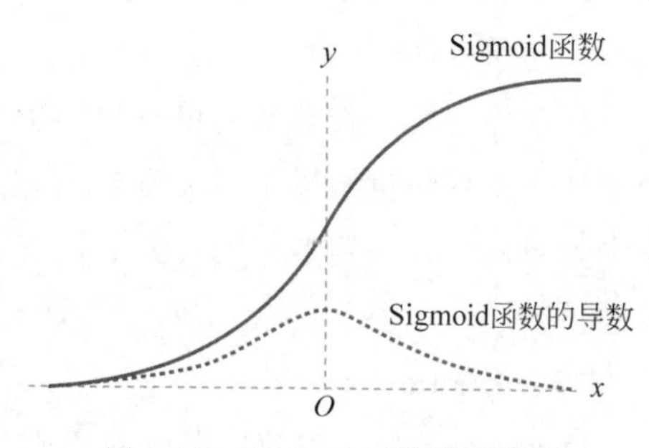

图 3-13 Sigmoid 函数及其导数

3.3.2 过度拟合与正则化

为了能够解决优化计算面临的挑战，应该尝试找到激活函数和优化函数的最佳组合，使模型能够收敛并找到理想的最小值点。

深度学习和机器学习的另一个重要概念是过度拟合。本节将讨论过度拟合问题以及如何使用正则化方法处理过度拟合问题。

第 2 章已经简要介绍了机器学习中的过度拟合。过度拟合也是深度学习面临的一个挑战。通常不希望神经网络太紧密地拟合有限的数据点集，这样会影响它在实际使用中的性能；也不希望模型不怎么适合，这样不能给出一个很好的精度。低度拟合和过度拟合问题如图 3-14 所示。

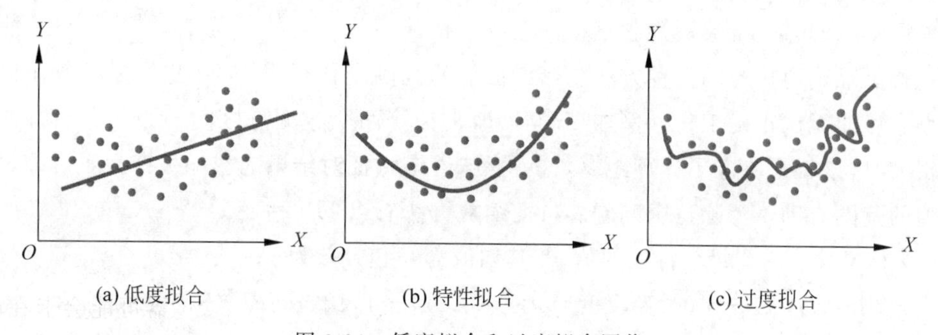

图 3-14 低度拟合和过度拟合图像

低度拟合问题的解决方案是建立一个有意义特征的良好模型，提供足够的数据，并进行足够的训练。解决过度拟合问题的正确方法是更多的数据、去除过多的特征和进行交叉验证。此外，还有一组克服过度拟合问题的复杂方法，即正则化方法。

① 译者注：原文为：具有两个局部最小值和一个全局最小值的权重-损失图，疑似有误。

正则化是一种对抗过度拟合的技术，一些可用的正规化方法包括提前停止、Dropout、L1 和 L2 正则化、数据扩充等。

1. 提前停止

提前停止是一种非常简单有效的防止过度拟合方法。设置足够数量的历元（训练步骤）对于达到良好精度水平是至关重要的，但可能很容易过度地训练模型，使其过于符合训练数据。如果模型在一定数量的历元后没有表现出显著的性能改善，则使用提前停止，停止学习算法。

2. Dropout

Dropout 是另一种简单有效的正则化方法。启用 Dropout 后，模型暂时从网络中移除一些神经元或网络层，这会给神经网络增加额外的噪声。这种噪声防止模型与训练数据拟合得太近，使得模型更加灵活。

3. L1 和 L2 正则化

这两种方法在损失函数中增加了额外的惩罚项，从而进一步惩罚错误。对于 L1 正则化而言，它是逻辑回归，对于 L2 正则化而言，它是脊回归。L1 和 L2 正则化在处理大量特征时特别有用。

4. 数据扩充

数据扩充是一种增加训练数据量的方法。通过对现有数据进行小的变换，可以生成更多的观察数据，并将它们添加到原始数据集。数据扩充增加了训练数据的总量，有助于防止过度拟合问题。

5. 特征缩放

深度学习的另一个关键概念是特征缩放。特征缩放是对特征范围进行归一化，使神经网络能够更准确地执行的一种方法。当特征值的范围变化很大时，一些目标函数在机器学习模型中可能无法正确工作。例如，分类器通常计算两个数据点之间的距离。当特征值的方差很大时，该特征决定了计算距离，这就意味着**该特征对结果的影响被夸大了**。缩放每个特征值的范围有助于消除这个问题。特征缩放方法有以下几种。

(1) **标准化**：调整每个特征的值，使其均值为 0 和方差为 1；

(2) **Min-Max 归一化（改变尺度）**：在[0,1]或[−1,1]之间缩放每个特征的值；

(3) **均值归一化**：从每个数据点扣除均值，并将结果除以 Max-Min。其实是将 Min-Max 做归一化处理的改进，这是一个不太流行的版本；

(4) **缩放到单位长度**：将一个特征的每个组成部分除以这个特征向量的欧氏长度。

使用特征缩放有如下两个好处。

(1) 确保每个特征对预测算法的贡献是按比例的；

(2) 加快了梯度下降算法的收敛速度，减少了模型训练的时间。

3.4 小结

本章中讨论了人工神经网络和深度学习的时间轴。这个时间轴有助于理解这些日常使用的概念如何经过多年的研究之后变成了现实。借助 TensorFlow,可以在几秒钟内将这些组件添加到神经网络模型当中。

按照深度学习的时间轴,本章详细分析了神经网络和人工神经元的结构。此外,本章还介绍了深度学习的基本概念,包括优化函数、激活函数、损失函数、过度拟合与正则化以及特征缩放等。

本章是第 2 章机器学习的基础知识的延续,在接下来的第 4 章将介绍深度学习研究中需要使用的一些流行的附加程序库,包括 NumPy、SciPy、Matplotlib、Pandas、Scikit-learn 和 Flask。

第4章

TensorFlow 2.x 的附加程序库

通过第2章和第3章，已经学习了机器学习和深度学习的基础知识，现在可以慢慢转向深度学习的应用方面。每个机器学习的应用开发，包括深度学习的应用开发，都是由多个步骤组成的流程。TensorFlow 提供了可用于所有这些步骤的若干模块。尽管 TensorFlow 在模型构建、训练、评估和预测方面非常强大，但仍然需要其他的一些附加程序库来完成某些任务，特别是数据准备工作。虽然不同的深度学习流程可能使用不同的附加库，但是目前最流行的附加库主要有 NumPy、SciPy、Pandas、Matplotlib、Scikit-learn、Flask。

在 TensorFlow 2.x 之后，越来越多的数据准备、可视化和其他相关功能已经被添加到 TensorFlow 中，但这些功能还无法与这些专用库提供的功能相比。表4-1列出了这些程序库及其核心功能。

表 4-1　与 TensorFlow 互补的程序库及其主要用例

程　序　库	核 心 功 能
NumPy	数组处理
SciPy	科学计算
Pandas	数组处理和数据分析，包括数据可视化
Matplotlib	数据可视化
Scikit-learn	机器学习
Flask	Web 部署框架

4.1　TensorFlow 互补程序库的安装

下面学习如何使用 Python 的包安装程序 **pip** 将附加程序库全部安装在一起。

4.1.1　使用 pip 安装

pip 是 Python 事实上的标准包管理系统，它已经包含在 Python 安装包中。可以使用 pip 轻松地安装和管理 Python 库。

使用 pip 的原始环境是 macOS 的 Terminal 和 Windows 操作系统的 Command Prompt。不过，也可以在 Jupyter Notebook 和 Google Colab 中使用 pip，但需要做一个小的调整。这两个选项之间的区别只是一个感叹号(!)。

终端和命令提示符	Jupyter Notebook 和 Google Colab
pip install package-name	! pip install package-name

如果决定按照本书的要求安装 Jupyter Notebook，就必须确保系统已经安装了 pip。

注意　如果按照推荐的方式使用 Google Colab，就不用担心系统中是否有 pip。可以在 Google Colab Notebook 中直接使用 pip，并使用感叹号。

可以通过以下步骤实现 pip 的安装或确认。

(1) 打开 MAC 操作系统的终端，或者打开 Windows 操作系统的命令提示符，从 Other 文件夹下的 Launchpad 打开 Terminal 窗口。通过按组合键 Windows＋X 打开 Power Users 菜单，然后单击 Command Prompt 或 Command Prompt(Admin)打开命令行窗口。

(2) 检查 pip 是否已安装，并使用以下脚本查看系统上安装的当前版本：

```
pip -- version
```

(3) 如果终端/命令行未返回版本信息，使用以下命令安装 pip：

```
python - m pip install - U pip
```

如果返回版本信息，则确认已在系统上安装了 pip。

(4) 关闭终端/命令行窗口。

4.1.2　程序库的安装

确认了系统上装有 pip，就可以使用表 4-2 中的脚本安装前述所有程度库。

表 4-2　. pip 安装脚本的补充库

程　序　库	安 装 脚 本
NumPy	pip install numpy
SciPy	pip install scipy
Pandas	pip install pandas
Matplotlib	pip install matplotlib
Scikit-learn	pip install scikit-learn
Flask	pip install flask

注意 Google Colab Notebook 和 Jupyter Notebook 都已经预装了这些库。只需运行前面提到的脚本一次，确保已经安装了它们，这样在案例研究期间就不会被打扰，并且可以防止丢失其中的一些脚本。

4.2 常见程序库

现在已经确定在系统中安装了这些程序库(Google Colab 或 Jupyter Notebook)，下面深入介绍这些程序库的细节。

4.2.1 NumPy——数组处理

NumPy 是一个非常流行的开源数值 Python 库，由 Travis Oliphant 创建。NumPy 提供了关于多维数组以及大量用于数学运算的有用函数。

NumPy 充当了由 C 语言实现的相应库的容器。因此，它提供了两个领域中最好的两个：C 语言的效率和 Python 的易用性。NumPy 数组是一种易于创建和计算高效的对象，可用于存储数据和进行快速的矩阵计算。可以使用 NumPy 快速生成带有随机数的数组，这非常适合增强学习的体验和完成系统概念验证的任务。此外，将在后面介绍的 Pandas 库也严重依赖 NumPy 对象，基本可以将 Pandas 库作为 NumPy 的扩展。

有了 NumPy 数组，就可以轻松地处理大量数据并进行比较高级的数学运算。与内置 Python 序列相比，NumPy 的 ndarray 对象执行速度更快，效率更高，代码量更少。越来越多的程序库依赖 NumPy 数组完成处理数据，这显示了 NumPy 的强大功能。由于深度学习模型通常使用数百万个数据点进行训练，NumPy 数组的规模和速度优势对机器学习专家来说是至关重要的。

NumPy 的相关文档可到官方网站查看，安装指令为：

```
pip install numpy
```

导入的首选别名：

```
import numpy as np
```

4.2.2 SciPy——科学计算

SciPy 是一个开源的 Python 库，包含用于数学、科学和工程研究的函数集合。SciPy 函数建立在 NumPy 库之上。SciPy 允许使用简易的语法操作和可视化数据。SciPy 是一个增强开发人员数据处理和系统原型开发能力的程序库，使得 Python 与 MATLAB、IDL、Octave、R-Lab 和 SciLab 等竞争系统一样有效。因此，SciPy 集成的数据处理和构建原型系统的强大功能进一步加强了 Python 作为一种通用编程语言已经确立的优势。

SciPy 大量的功能集合被组织成基于域的子包。必须从 SciPy 母库中单独调用 SciPy 子包,例如:

```
from scipy import stats, special
```

表 4-3 给出了若干 SciPy 子包的列表。

表 4-3 . SciPy 子包列表

子　　包	描　　述	子　　包	描　　述
stats	统计函数与分布	linalg	线性代数
special	特殊函数	io	输入与输出
spatial	空间数据结构和算法	interpolate	插值和平滑样条
sparse	稀疏矩阵和相关例程	integrate	积分与方程求解
signal	信号处理	fftpack	快速傅里叶变换例程
optimize	优化和根查找例程	constants	物理与数学常数
odr	回归正交距离	cluster	聚类算法
ndimage	*N* 维图像处理		

SciPy 的相关文档可到官方网站查看,安装指令为:

```
pip install scipy
```

导入的首选别名:

```
from scipy import sub - package - name
```

4.2.3 Pandas——数组处理与数据分析

Pandas 是一个 Python 库,提供了灵活而富有表现力的数据结构,适合执行快速的数学运算。Pandas[①] 是一个全面且易于使用的数据分析库,它的目标是成为开源语言中领先的数据分析工具。

一维序列和二维数据帧是 Pandas 的两种主要数据结构。因为它扩展了 NumPy 的功能,并且构建在 NumPy 之上,所以 Pandas 基本上是作为 NumPy 的扩展库来运行的。Pandas 还提供了一些数据可视化方法,这些方法对于从数据集中获取信息非常有用。

可以使用 Pandas 进行数据分析并执行一些计算任务。下面给出了 Pandas 一些主要功能:

(1) 通过填充与丢弃处理缺失数据;

① 译者注:原文为 Python,这里应该是 Pandas,疑似有误。

(2) 通过可变性实现数据的插入和删除;

(3) 自动与显式数据对齐;

(4) 按组和按顺序的处理功能;

(5) 轻松地将无组织的对象转换为数据帧;

(6) 切片、索引和子集操作;

(7) 合并、连接和结合操作;

(8) 重塑和旋转操作;

(9) 分层和多重标签;

(10) 时间序列和序列数据的特定操作;

(11) 鲁棒的输入和输出操作,具有广泛的文件格式支持(包括 CSV、XLSX、HTML、HDF5)。

Pandas 实际上是 NumPy 的扩展,它改进了 NumPy 的功能,所以经常直接使用 Pandas 而不是 NumPy。但在某些情况下,由于其他附加库的限制,不得不依赖 NumPy。

Pandas 的相关文档可到官方网站查看,安装指令为:

```
pip install pandas
```

导入的首选别名:

```
import pandas as pd
```

4.2.4 Matplotlib 和 Seaborn——数据可视化

Matplotlib 是一个 Python 数据可视化库,用于创建静态、动画和交互式图形和绘图。可以为学术出版物、博客和书籍生成高质量的图形,还可以使用 Matplotlib 在大型数据集中发现规律。

除了在 Google Colab Notebook 中获得信息外,还可以使用 Matplotlib 的面向对象 API 将图形嵌入应用程序中。Matplotlib 的 3 个主要功能如下。

(1) **创造**: Matplotlib 可以用最少的代码创建高质量的图形。Matplotlib 提供的图形类型总数有数百种,包括直方图、热图、条形图及曲面图等。

(2) **个性化**: Matplotlib 绘图非常灵活,可以自定义行样式、字体属性、颜色和坐标轴信息。可以从 plot 导出数据并将数据嵌入到 plot 中。

(3) **拓展**: 可以利用大量可扩展 Matplotlib 的第三方库。其中一些库也非常实用,如 Seaborn 等。

Matplotlib 可以完成的功能如下:

(1) 使用 PyPlot 模块创建交互图形。

(2) 使用线、条、标记和其他对象创建数百个不同的图形。

(3) 创建某些特定的图形,如表面和等高线图。

(4) 在图中添加图像和字段。

(5) 对单个图形创建多个副图。

(6) 在图中灵活地编辑文本、坐标轴、颜色、标签和注释。

(7) 创建一个或多个形状。

(8) 创建展示数据。

(9) 支持动画。

Matplotlib 的相关文档可到官方网站查看,安装指令为:

```
pip install matplotlib
```

导入的首选别名:

```
import matplotlib.pyplot as plt
```

除了标准 Matplotlib 之外,还有很多用于增强 Matplotlib 功能的第三方程序库。Seaborn 是一个构建在 Matplotlib 之上的数据可视化代码库,它提供了一个用于扩展 Matplotlib 功能的高级接口,使用 Seaborn 可以减少生成复杂图表所需的时间。

Seaborn 的相关文档可到官方网站查看,安装指令为:

```
pip install seaborn
```

导入的首选别名:

```
import seaborn as sns
```

4.2.5 Scikit-learn——机器学习

Scikit-learn 是一个强大的 Python 开源机器学习库,最初由 David Cournapeau 作为 Google 的 Summer of Code 项目开发。Scikit-learn 作为一个独立的机器学习库可以构建丰富多样的传统机器学习模型。除了能够创建机器学习模型,Scikit-learn 还基于 NumPy、SciPy 和 Matplotlib 为预测数据分析提供简单有效的工具。Scikit-learn 有如下 6 个主要功能。

(1) **分类**:Scikit-learn 提供了若干算法用于别某个对象属于哪一类,比如支持向量机、逻辑回归、K 近邻及决策树等。

(2) **回归**:Scikit-learn 提供了若干算法用于预测与对象相关的因变量的连续值,如线性回归(linear regression)、梯度增强(gradient boosting)、随机森林(random forest)、决策树等。

(3) **聚类**：Scikit-learn 提供了聚类算法，用于将类似的对象自动分组到相应的集族中，如 k-means 聚类、光谱聚类、均值偏移等。

(4) **维度缩减**：Scikit-learn 提供了若干算法用于减少需要考察的解释变量的数量，如 PCA、特征选择、非负矩阵分解等。

(5) **模型选择**：Scikit-learn 可以帮助**完成**模型验证和比较工作，也可以帮助选择参数和模型。可以将 TensorFlow 模型与 Scikit-learn 的传统机器学习模型进行比较。网格搜索、交叉验证和度量是用于模型选择和验证的一些工具。

(6) **预处理**：通过**预处理**、特征提取和特征值缩放选项，可以在 TensorFlow 支持不足的时候实现对数据的转换。

在将深度学习模型与其他机器学习算法进行比较的场合，Scikit-learn 特别有用。此外，可以通过 Scikit-learn 对输入深度学习流程之前的数据进行预处理。

Scikit-learn 的相关文档可到官方网站查看，安装指令为：

```
pip install scikit - learn
```

导入的首选别名：

```
from scikit - learn import *
```

4.2.6 Flask——部署

与前述的代码库不同，Flask 不是数据科学库，而是用于 Python 的微 Web 框架。它是一个微框架，这是因为它没有与其他 Web 框架的必不可少的组件（比如数据库抽象层和表单验证）打包在一起。这些组件可以嵌入到具有强大的第三方扩展的 Flask 应用程序中。这种特性使 Flask 简单、轻便，并减少了开发时间。如果想将精力集中于深度学习模型的训练，不想在 Web 编程上花费太多时间，那么 Flask 是一个完美的选择。

与 Django 不同，Flask 很容易学习和实现。Django 是一个非常受欢迎的 Python Web 框架。但是 Django 的规模很大，有很多内置的扩展包，所以对于大型项目来说，Django 是一个更好的选择。目前，Flask 在 GitHub repo 上的评分超过了其他任何 Python Web 框架，并在 2018 年 Python 开发者调查中被评为最受欢迎的 Web 框架。

Flask 的相关文档可到官方网站查看，安装指令为：

```
pip install flask
```

导入的首选别名：

```
from flask import Flask, *
```

4.3 小结

本章介绍了与 TensorFlow 配合使用的一些最常用的程序库。通常情况下仍以使用 TensorFlow 为主，随着 TensorFlow 的模块数量不断增加，其基本满足了开发人员在流程每一步的需求，但仍然有一些操作需要依赖这些程序库。

NumPy 和 Pandas 是非常强大的数据处理库，Matplotlib 和 Seaborn 对于数据可视化非常有用。SciPy 可以进行复杂的数学运算，Scikit-learn 对于高级的数据预处理和任务验证特别有用。最后，可以选择 Flask 作为 Web 框架实现对训练过模型的快速部署。

第 5 章将结合实际代码示例深入学习 TensorFlow 的模块。

第5章 TensorFlow 2.0与深度学习流程

前面几章介绍了掌握深度学习应用开发所需要的基础知识。第1章介绍了选择Python和TensorFlow等作为开发工具的动机,并建立了开发环境;第2章简要介绍了机器学习的基本知识;因为深度学习是机器学习的一个分支,第3章简要介绍了深度学习的基本知识。前3章是关于深度学习的概念和导论。第4章总结了深度学习流程中需要使用的除TensorFlow之外的附加程序库。本章将介绍TensorFlow的基础知识和书中使用的参考API。

5.1 TensorFlow基础

本章的重点是如何使用TensorFlow构建神经网络并进行模型训练。首先,介绍TensorFlow中都会涉及的几个基本概念:直接执行与图形执行、TensorFlow张量及TensorFlow变量。

5.1.1 直接执行

TensorFlow 2.0带来的一个新奇之处是将直接执行作为默认选项。在直接执行的时候,TensorFlow会计算在代码中出现的张量值。直接执行提升了TensorFlow中的模型构建的体验,可以立即看到TensorFlow操作的结果。

这一改变背后的主要动机是PyTorch的动态计算图能力。使用动态计算图功能,PyTorch用户可以使用按定义并运行的方法,立即看到操作结果。

对于图形执行,TensorFlow 1.x遵循了定义并运行的方法,这种方法只有在用tf.Session包装了代码之后才会进行计算。图形执行在分布式训练、性能优化和生产部署等方面具有优势。但是由于实现困难,图形执行也将新来者赶向了PyTorch。因此,针对新手的这种困难,TensorFlow团队将直接执行(即TensorFlow的定义并运行方法)作为默认选项。

本书只在模型构建和训练中使用默认的直接执行。

5.1.2 张量

张量是 TensorFlow 内置的具有统一类型的多维数组，非常类似于 NumPy 数组而且不可变。这就意味着一旦创建张量，就不能更改，只能使用编辑再创建一个新的副本。

张量主要是根据它们的维数进行分类。

(1) **0 阶(标量)张量**：包含一个值而没有数轴的张量；

(2) **1 阶张量**：在一个数轴上包含一系列值的张量；

(3) **2 阶张量**：包含两个数轴的张量；

(4) ***N* 阶张量**：包含 N 个数轴的张量。

例如，可以使用下列代码创建张量 rank_3_tensor 并打印：

```
rank_3_tensor = tf.constant([
[[0, 1, 2, 3, 4],
[5, 6, 7, 8, 9]],
[[10, 11, 12, 13, 14],
[15, 16, 17, 18, 19]],
[[20, 21, 22, 23, 24],
[25, 26, 27, 28, 29]],])
print(rank_3_tensor)
```

可以访问具有以下函数的对象 tf.Tensor 的详细信息：

```
print("Type of every element:", rank_3_tensor.dtype)
print("Number of dimensions:", rank_3_tensor.ndim)
print("Shape of tensor:", rank_3_tensor.shape)
print("Elements along axis 0 of tensor:", rank_3_tensor.shape[0])
print("Elements along the last axis of tensor:", rank_3_tensor.shape[-1])
print("Total number of elements (3 * 2 * 5): ", tf.size(rank_3_tensor).numpy())
Output:
Type of every element: <dtype: 'int32'>
Number of dimensions: 3
Shape of tensor: (3, 2, 5)
Elements along axis 0 of tensor: 3
Elements along the last axis of tensor: 5
Total number of elements (3 * 2 * 5): 30
```

有多个可以创建张量对象的函数，除了 tf.constant()之外，还可以使用 tf.ones()和 tf.zeros()函数创建给定规模的 1 或 0 张量。下面代码行提供了两个例子：

```
zeros = tf.zeros(shape=[2,3])
print(zeros)
Output:
tf.Tensor(
[[0. 0. 0.]
```

```
[0. 0. 0.]], shape = (2, 3), dtype = float32)
ones = tf.ones(shape = [2,3])
print(ones)
Output:
tf.Tensor(
[[1. 1. 1.]
[1. 1. 1.]], shape = (2, 3), dtype = float32)
```

tf. Tensor 类要求张量是矩形的，也就是说，沿着每个轴，每个元素都有相同的规模。然而，有如下一些特殊类型的张量可以处理不同的形状。

(1) **参差张量**：沿某一轴具有可变元素数量的张量。

(2) **稀疏张量**：数据稀疏的张量，就像一个非常宽敞的嵌入空间。

5.1.3 TensorFlow 变量

推荐使用 TensorFlow 变量表示可以用模型操作的持久共享状态。TensorFlow 变量一般用 tf. Variable 对象表示。一个 tf. Variable 对象可以表示一个张量，其值可以改变，而不是普通的 TensorFlow 常量。tf. Variable 对象用于存储模型参数。

TensorFlow 变量与 TensorFlow 常量非常相似，但有一个显著的区别：变量是可变的。因此，变量对象的值可以被改变(例如，使用 assign()函数)，变量对象的形状也可以被改变(例如，使用 reshape ()函数)。

可以用下面的代码创建一个基本变量：

```
a = tf.Variable([2.0, 3.0])
```

也可以使用某个现有的常量创建某个变量：

```
my_tensor = tf.constant([[1.0, 2.0], [3.0, 4.0]])
my_variable = tf.Variable(my_tensor)
print(my_variable)
Output:
<tf.Variable 'Variable:0' shape = (2, 2) dtype = float32, numpy =
array([[1., 2.],
       [3., 4.]], dtype = float32)>
```

可以使用 tensor. NumPy()函数将 TensorFlow 变量对象或将 TensorFlow 张量对象转换为 NumPy 数组，代码如下所示：

```
my_variable.numpy()
my_tensor.numpy()
```

这些都是 TensorFlow 的一些基本概念。下面使用 TensorFlow 进行模型构建和数据处理。

5.2 TensorFlow 深度学习流程

第 2 章的最后部分列出了一个完整的机器学习流程(即获得已训练机器学习模型步骤)。在深度学习模型中,几乎完全使用相同的流程,其中有大量的工作需要使用TensorFlow。图 5-1 表示流程的工作原理(注意,不同来源的流程可能会有细微的变化)。

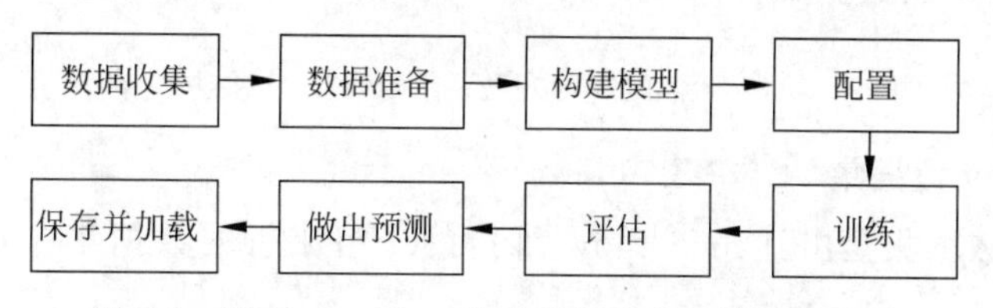

图 5-1 用 TensorFlow 构建的深度学习模型的流程

下面结合代码示例介绍这些步骤。需要注意的是,通常将数据收集步骤视为一个独立的任务,通常不是由机器学习专家执行这个问题,因而这里省略了这个步骤。

5.2.1 数据加载与准备

在建立和训练神经网络模型之前,深度学习的第一步是加载数据和处理数据,并将数据输入神经网络模型。接下来的章节涉及的所有神经网络都需要数据,因此,需要以正确的格式提供数据。TensorFlow 模型可以接受以下几种对象类型:TensorFlow 数据集(dataset)对象、TensorFlow 数据集、NumPy 数组对象、Pandas DataFrame 对象。

下面学习如何使用这些对象。

1. 数据集对象(tf.data.Dataset)

TensorFlow 数据集对象表示一组元素(如某个数据集)。tf.data.Dataset API 是TensorFlow 接受用于训练的模型输入的对象,是专门为输入流程设计的。

使用数据集 API,可以从给定数据中创建一个数据集,并且可以使用集合函数(如 map)转换数据集,遍历数据集并处理单个元素。

数据集 API 支持各种文件格式和 Python 对象,可用于创建 tf.data.Dataset 对象。数据集 API 支持支持的文件格式和对象如下。

(1) 从 Python 列表、NumPy 数组、Pandas 中提取的数据集。

(2) 具有 from_tensor_slices()函数的 DataFrame:

```
ds = tf.data.Dataset.from_tensor_slices([1, 2, 3])
ds = tf.data.Dataset.from_tensor_slices(numpy_array)
ds = tf.data.Dataset.from_tensor_slices(df.values)
```

（3）具有 TextLineDataset()函数的文本文件中的数据集：

```
ds = tf.data.TextLineDataset("file.txt")
```

（4）具有 TFRecordDataset()函数的 TensorFlow TFRecord 格式的数据集：

```
ds = tf.data.TFRecordDataset("file.tfrecord")
```

（5）CSV 文件中的数据集：

```
ds = tf.data.experimental.make_csv_dataset("file.csv", batch_size = 5)
```

2. TensorFlow 数据集

TensorFlow 数据集是由 TensorFlow 维护的一组流行的数据集。它们通常是清洗干净的，随时可以使用。

TensorFlow 数据集存在于下面两个包中。

（1）tensorflow-datasets：比较稳定的版本，每隔几个月就会更新；

（2）tfds-nightly：最新发布的版本，包含最新版本的数据集。

从名称就可以知道，可以使用稳定版本（更新频率较低但更可靠），也可以使用最新发布的版本（允许访问数据集的最新版本）。但是，由于数据集频繁发布新版本，tfds-nightly 更容易遭到破坏，因此不建议在实际生产级别的项目中使用。

如果系统中没有 TensorFlow 数据集，可以使用下列命令行脚本安装：

```
pip install tensorflow_datasets
pip install tfds - nightly
```

这些数据通过 tensorflow_datasets 加载，通常缩写为 tfds。如果需要导入这些数据包，只需运行下面的一行代码：

```
import tensorflow_datasets as tfds
```

导入主库之后，就可以使用 load()函数导入 TensorFlow Datasets 目录页面中列出的某个流行库。TensorFlow Datasets 目录下包含几十个数据集，具体包括语音、图像、图像分类、目标检测、问答系统。结构数据、摘要生成、文本、翻译、视频等。

从 TensorFlow 数据集目录 load()数据集最简单的方法是使用 load()函数。该函数将下载数据集并将其保存为 TFRecord 文件，再将 TFRecord 文件加载到 notebook 中，最后创建 tf.data.Dataset 对象用于训练模型。下面示例展示了如何使用 load()函数加载数据集：

```
mnist_dataset = tfds.load('mnist', split = 'train')
```

可以通过设置 load()函数的特定参数自定义加载过程：

（1）**split**：确定加载数据集的某个部分；

（2）**shuffle_files**：确定是否在每个历元之间置乱文件；

（3）**data_dir**：确定数据集保存的位置；

（4）**with_info**：确定是否加载 DatasetInfo 对象。

3. Keras 数据集

除了 TensorFlow 数据集目录，Keras 还提供了对目录中列出的有限数量数据集的访问。在此目录下可访问的数据集包括 MNIST、CIFAR10、CIFAR100、IMDB 影评、路透社新闻专线、Fashion MNIST 等。这个目录非常有限，但是在研究项目中可以派上用场。

可以使用 load_data()函数从 Keras API 加载某个数据集，如下所示：

```
(x_train, y_train), (x_test, y_test) = tf.keras.datasets.mnist.load_data( path = "mnist.npz" )
```

Keras 的数据集与 TensorFlow 的数据集的一个重要区别是，它们作为 NumPy 数组对象导入。

4. NumPy 数组

TensorFlow 接受的一个数据类型将 NumPy 数组作为输入数据。正如第 4 章提到的，可以用下面这行代码导入 NumPy 库：

```
import numpy as np
```

一般使用 np.array()函数创建某个 NumPy 数组，并将它输入到 TensorFlow 模型中。也可以使用像 np. genfromtxt()这样的函数从 CSV 文件中加载数据集。

实际上，很少使用 NumPy 数组加载数据，通常使用的是 Pandas 库，它几乎可以作为 NumPy 的扩展。

5. Pandas DataFrame

Pandas DataFrame 和 Series 对象也可以被 TensorFlow 和 NumPy 数组接受。Pandas 和 NumPy 之间有很强的联系。为了处理和清洗数据，Pandas 通常提供更加强大的功能。然而，NumPy 数组比较高效，并且在更大程度上可以被其他库识别。例如，可能需要使用 Scikit-learn 对数据进行预处理。Scikit-learn 可以接受 Pandas DataFrame 和 NumPy 数组，但只返回 NumPy 数组。因此，机器学习专家必须学会使用这两个库。

可以使用如下代码导入 Pandas 库：

```
import pandas as pd
```

可以轻易地从 CSV、Excel 和文本等不同格式的文件中加载数据集，具体代码如下。

（1）**CSV 文件**：pd.read_csv("path/xyz.csv")；

(2) **Excel 文件**: pd.read_excel("path/xyz.xlsx");

(3) **Text 文件**: pd.read_csv("path/xyz.txt");

(4) **HTML 文件**: pd.read_html("path/xyz.html") or pd.read_html('URL')。

从这些不同格式的文件中加载数据集后,Pandas 提供了大量不同的功能,还可以使用 pandas.DataFrame.head()或 pandas.DataFrame.tail()函数检查数据处理操作的结果。

6. 其他对象

随着 TensorFlow 新版本的推出,支持的文件格式数量也在增加。此外,TensorFlow I/O 是一个扩展库,它通过 API 进一步扩展了所支持的库的数量。前面介绍的支持对象和文件格式已经足够了,但如果对其他格式感兴趣,可以访问 TensorFlow I/O 的官方 GitHub 库。

5.2.2 构建模型

在对数据集进行加载和处理之后,下一步是构建深度学习模型并进行训练。主要有两个方法用于构建模型: Keras API 和 Estimator API。

本书只使用 Keras API,因此,重点关注用 Keras API 构建模型的不同方法。

1. Keras API

如前所述,Keras 是 TensorFlow 的一个补充库。此外,TensorFlow 2.0 版本采用 Keras 作为内置 API 来构建模型和附加功能。

Keras API 在 TensorFlow 2.x 版本提供了 3 种不同的方法构建神经网络模型: 序列 API、功能 API、模型子类化。

1) 序列 API

可以使用 Keras 序列 API 逐步构建一个神经网络模型。可以创建一个 Sequential()模型对象,并且可以在每一行添加一个网络层。

使用 Keras 序列 API 是构建模型最简单的方法,付出的代价是定制有限。尽管可以在几秒钟内构建一个序列模型,但是这个序列模型并不提供层共享、多个分支、多个输入和多个输出等功能。对于只有一个输入张量和一个输出张量的普通层堆栈,序列模型是最好的选择。

使用 Keras 序列 API 是构建神经网络的最基本方法,对于接下来的许多章节内容来说已经足够了。但是,为了构建更加复杂的模型,还需要使用 Keras 功能 API 和模型子类化选项。

可以通过下列几行代码使用 Keras 序列 API 实现构建一个基本的前馈神经网络:

```
model = Sequential()
model.add(Flatten(input_shape = (28, 28)))
model.add(Dense(128,'relu'))
```

```
model.add(Dense(10, "softmax"))
```

或者，将一个层列表传递给序列构造函数：

```
model = Sequential([
      Flatten(input_shape = (28, 28)),
      Dense(128,'relu'),
      Dense(10, "softmax"),
])
```

一旦 Keras 序列模型被构建，它的行为就像 Keras 功能 API 模型一样，为每一层提供一个输入属性和一个输出属性。

在案例研究中，利用了其他属性和功能，比如 model. layers()和 model. summary()，理解神经网络结构。

2）功能 API

Keras 功能 API 是一个更鲁棒、更复杂的 API，可以基于 TensorFlow 构建强大的神经网络。使用 Keras 功能 API 创建的模型比使用 Keras 序列 API 创建的模型更加灵活。它们可以处理非线性拓扑、共享层，并且可以有多个分支、输入和输出。

Keras 功能 API 方法源于大多数神经网络是有向无环图(Directed Acyclic Graph，DAG)层这个事实，因此，Keras 团队开发了 Keras 功能 API 来设计神经网络结构。Keras 功能 API 是构建图层的好方法。

为了使用 Keras 功能 API 创建一个神经网络，首先需要创建一个输入层，并将其连接到第一层。把下一层与上一层相连，以此类推。最后，Model 对象将输入和连接的层堆栈作为参数。

Keras 序列 API 中的示例模型可以使用 Keras 功能 API 构造，代码如下：

```
inputs = tf.keras.Input(shape = (28, 28))
x = Flatten()(inputs)
x = Dense(128, "relu")(x)
outputs = Dense(10, "softmax")(x)
model = tf.keras.Model(inputs = inputs,
                       outputs = outputs,
                       name = "mnist_model")
```

就像在 Keras 序列 API 中一样，可以使用 layers 属性、summary()函数。此外，还可以将模型画成图形，代码如下：

```
tf.keras.utils.plot_model(model)
```

3）模型与层的子类化

模型子类化是 Keras 最先进的方法，它为从零开始构建神经网络提供了无限的灵活性。

还可以在神经网络模型中使用层子类化来构建自定义层(即模型的构建块)。

可以使用模型子类化建立定制的神经网络并进行训练,Keras Model 类的内部使用模型子类化定义模型体系结构的根类。

模型子类化的优点是模型完全可定制,缺点是实现困难。因此,如果试图建立奇异的神经网络或进行研究水平的工作,模型子类化方法是必经之路。Keras 序列 API 或功能 API 都提供了模型子类化功能。

使用模型子类化重写上述例子,基本代码如下:

```
class CustomModel(tf.keras.Model):
def __init__(self, **kwargs):
super(CustomModel, self).__init__(**kwargs)
self.layer_1 = Flatten()
self.layer_2 = Dense(128, "relu")
self.layer_3 = Dense(10, "softmax")

def call(self, inputs):
x = self.layer_1(inputs)
x = self.layer_2(x)
x = self.layer_3(x)
return x
model = CustomModel(name='mnist_model')
```

模型子类化中有以下几个重要的函数。

(1) __init__()函数为构造函数。有了__init__()函数,就可以初始化模型的属性(例如,层属性)。

(2) super()函数用于调用父类构造函数(tf.keras.Model)。

(3) self 对象用于引用实例属性(例如,层属性)。

(4) 在__init__()函数中定义层之后,使用 call()函数定义操作。

前述例子在__init__()函数下定义了稠密层,然后将它们创建为对象,并构建模型,类似于使用 Keras 功能 API 构建神经网络。但要注意,可以按照自己的意愿在模型子类化中构建模型。

可以通过使用自定义类(自定义模型)生成一个对象的方式完成模型构建,代码如下:

```
model = CustomModel(name='mnist_model')
```

本书将在第 10 章和第 11 章中使用模型子类化。

2. Estimator API

Estimator API 是一个高级 TensorFlow API,封装了训练、评估、预测、导出等功能。可以利用各种预制的 Estimator,也可以用 Estimator API 编写自己的模型。与 Keras API 相比，Estimator API 具有一些优势，比如基于服务器的参数训练和完全的 TFX 集成。然而，Keras 的 API 很快就能实现这些功能，因此 Estimator API 是可选项，不是必须的。

本书的案例研究不涉及 Estimator API，因此，不再讨论关于 Estimator API 的具体细节。如果需要了解更多的关于 Estimator API 的信息，可以阅读 TensorFlow 官方网站的 Estimator API 指南。

5.2.3　编译、训练、评估模型并进行预测

编译是深度学习模型训练的重要部分，需要在编译环境定义优化器、损失函数以及回调等其他参数。另外，训练是开始向模型输入数据的步骤，以便模型可以学习到隐藏在数据集中的推断模式。评估步骤主要是检查模型是否存在过拟合等常见深度学习问题。

可以使用如下两种方法实现对模型的编译、训练和评估：

（1）使用标准方法；

（2）编写定制的迭代训练过程。

1. 标准方法

对于标准训练方法，可以使用以下几个函数：model. compile()、model. fit()、model. evaluate()、model. predict()。

1）model. compile()函数

model. compile()函数负责在训练之前设置优化器、损失函数和性能指标。这是一个非常简单的步骤，只需一行代码就可以。另外，在 model. compile()函数中有两个选项可以传递损失函数和优化器参数。

（1）选项一是以字符串形式传递参数：

```
model.compile(
optimizer = 'adam',
loss = mse,
metrics = ['accuracy'])
```

（2）选项二是以 TensorFlow 对象形式传递参数：

```
model.compile(
optimizer = tf.keras.optimizers.Adam(),
loss = tf.keras.losses.MSE(),
metrics = [tf.keras.metrics.Accuracy()])
```

选项二将损失函数、指标和优化器作为对象进行传递，比选项一更灵活。

TensorFlow 支持的优化算法包括 Adadelta、Adagrad、Adam、Adamax、Ftrl、Nadam、RMSProp、SGD 等，一般通过 tf. keras. optimizer 模块选择某个优化器。

在开始训练前必须设置的另一个重要参数是损失函数。tf. keras. losses 模块支持很多

适合于分类和回归任务的损失函数。

2）model. fit()函数

model. fit()函数为固定历元(数据集上的迭代)数的模型训练函数。此函数接收历元、回调和置乱等参数，同时还必须接收的参数是数据。根据问题的不同，这种数据可能仅包含特征或同时包含特征和标签。model. fit()函数的使用示例如下：

```
model.fit(train_x, train_y, epochs = 50)
```

3）model. evaluate()函数

model. evaluate()函数使用测试数据集返回模型的损失值和度量值。返回的内容和接收的参数类似于 model. fit()函数，但它不会进一步训练模型。model. evaluate()函数使用示例如下：

```
model.evaluate(test_x, test_y)
```

4）model. predict()函数

model. predict()函数是仅用于预测的函数。虽然 model. evaluate()函数需要标签，但 model. predict()函数不需要标签。它只使用训练过的模型进行预测，如下所示：

```
model.evaluate(sample_x)
```

2. 定制训练

可以完全定制模型训练过程，而不是遵循使用诸如 model. compile()、model. fit()、model. evaluate()和 model. predict()等函数的标准训练选项。

为了能够获得某个自定义的迭代训练过程，必须使用 tf. GradientTape()函数。tf. GradientTape()函数记录自动区分的操作，这对于在训练过程中实现反向传播等机器学习算法非常有用。换句话说，tf. GradientTape()函数允许跟踪 TensorFlow 的梯度计算过程。

对于定制训练，需要遵循下列步骤：

(1) 设置优化器、损失函数和指标；

(2) 运行 for 循环查找历元的数量；

(3) 为每个历元的每个批次运行一个嵌套循环；

(4) 使用 tf. GradientTape()函数计算和记录损失并进行反向传播；

(5) 运行优化器；

(6) 计算、记录并打印输出度量结果。

下列代码给出了用于模型训练的标准方法示例。只需两行代码，就可以配置和训练自己的模型：

```
model.compile(optimizer = Adam(), loss = SCC(from_logits = True),metrics = [SCA()])
model.fit(x_train, y_train, epochs = epochs)
```

另一方面，下列代码给出了如何使用定制的训练迭代实现相同的效果：

```
# Instantiate optimizer, loss, and metric
optimizer, loss_fn, accuracy = Adam(), SCC(from_logits = True),SCA()
# Convert NumPy to TF Dataset object
train_dataset = (Dataset.from_tensor_slices((x_train, y_
train)).shuffle(buffer_size = 1024).batch(batch_size = 64))
for cpoch in range(epochs).
# Iterate over the batches of the dataset.
for step, (x_batch_train, y_batch_train) in
enumerate(train_dataset):
# Open a GradientTape to record the operations, which enables auto - differentiation.
with tf.GradientTape() as tape:
# The operations that the layer applies to its inputs are going to be recorded
logits = model(x_batch_train, training = True)
loss_value = loss_fn(y_batch_train, logits)
# Use the tape to automatically retrieve the gradients of the trainable variables
grads = tape.gradient(loss_value, model.trainable_weights)
# Run one step of gradient descent by updating
# the value of the variables to minimize the loss.
optimizer.apply_gradients(zip(grads, model.trainable_weights))
# Metrics related part
accuracy.update_state(y_batch_train, logits)
if step % int(len(train_dataset)/5) == 0: #Print out
print(step, "/", len(train_dataset)," | ",end = "")
print("\rFor Epoch %.0f, Accuracy: %.4f" % (epoch + 1,
float(accuracy.result()),))
accuracy.reset_states()
```

正如所看到的，定制的代码要复杂得多。因此，通常只在绝对必要时使用定制训练。TensorFlow 还可以定制单独的训练步骤、model. evaluate()函数甚至 model. predict()函数。因此，TensorFlow 基本上能够为研究人员和定制模型开发人员提供足够的灵活性。本书第 12 章将利用定制训练的优势实现 GAN 模型。

5.2.4 保存并加载模型

前面介绍的如何构建神经网络对后续章节的案例研究至关重要。在实际应用场合通常需要直接使用已经完成训练的模型，因此，需要保存模型，以便后续可以重新使用。

一般是将整个模型保存到单个工程中。保存整个模型时应包含：

(1) 模型的体系结构和配置数据；

(2) 模型的优化权重；

(3) 模型的编译信息(model. compile() info)；

(4) 优化器及其最新状态。

TensorFlow 提供两种保存模型的格式：

(1) TensorFlow SavedModel 格式；

(2) Keras HDF5(或 H5)格式。

虽然旧的 HDF5 格式以前很流行，但 SavedModel 已经成为使用 TensorFlow 保存模型的推荐格式。HDF5 和 SavedModel 的关键区别在于，HDF5 使用对象配置来保存模型架构，而 SavedModel 保存计算图。这种差异产生的实际后果是重大的。SavedModel 可以保存自定义对象，比如使用模型子类化构建的模型，或者不需要原始代码就可以保存自定义构建的层。要将自定义对象保存为 HDF5 格式，则需要额外的步骤，这使得 HDF5 不那么吸引人。

1. 保存模型

TensorFlow 提供了两种保存格式，所以可以轻松地将模型保存为其中的一种，一般通过在 model.save()函数中传递的参数(save_format)选择保存的格式。如果将模型保存为 SavedModel 格式，那么可以使用以下代码：

```
model.save("My_SavedModel")
```

如果将模型保存为 HDF5 格式，可以使用相同的函数，但需要使用 save_format 参数：

```
model.save("My_H5Model", save_format = "h5")
```

对于 HDF5 格式，也可以使用 Keras 的 save_model()函数，如下所示：

```
tf.keras.models.save_model("My_H5Model")
```

模型被保存之后，就可以在 Google Colab 临时目录中找到包含模型的文件。

2. 加载模型

保存模型文件后，就可以轻松地加载和重构保存的模型。使用 Keras API 提供的 load_model()函数加载模型。加载保存模型的代码如下：

```
import tensorflow as tf
reconstructed_model = tf.keras.models.load_model('My_SavedModel')
```

可以像使用训练过的模型一样使用加载模型。下面几行代码是 model.evaluate()函数的副本，可用于评估刚训练好的模型：

```
test_loss, test_acc = reconstructed_model.evaluate (x_test, y_test, verbose = 2)
print('\nTest accuracy:', test_acc)
```

5.3 小结

本章介绍了如何将 TensorFlow 用于深度学习流程，以及一些 TensorFlow 基础知识，接下来将开始介绍不同类型的神经网络概念及其相应的案例研究，首先在第 6 章介绍的神经网络是前馈神经网络(Feedback Neural Network，FNN)，也就是多层感知机。

第6章 前馈神经网络

本章介绍前馈神经网络这个神经网络最通用的版本。前馈神经网络是神经元之间连接不构成循环的一种人工神经网络。神经元之间的连接只能是单向地向前移动，从输入层到隐层再到输出层。也就是说，这些网络之所以被称为前馈网，是因为信息只进行正向的流动。

第8章将重点介绍**循环神经网络**，它是前馈神经网络的一种改进版本，网络中增添了信息的双向流动性。因此，循环神经网络不是前馈神经网络。

前馈神经网络主要用于完成监督学习任务，在关于定量分析的应用研究场合中特别有用，这些领域也可以使用传统的机器学习算法。

前馈神经网络非常容易构建，但无法将它们拓展到计算机视觉和自然语言处理领域。此外，前馈神经网络在处理序列数据时没有有效的记忆结构。为了解决可扩展性和记忆问题，可以选择第7章中介绍的人工神经网络，例如卷积神经网络和循环神经网络。

前馈神经网络通常有不同的名称，比如人工神经网络、规则神经网络、规则网络、多层感知机等。这些不同的名称可能会产生一些歧义，因此本书一直使用前馈神经网络这个术语。

6.1 深度和浅层前馈神经网络

任何前馈神经网络至少包含输入层和输出层。前馈神经网络的主要目标是用输入层提供的输入值得到输出层的输出值，然后将输出值与标签值进行比较，由此实现对某个函数的逼近。

6.1.1 浅层前馈神经网络

进行函数逼近的模型只有输入层和输出层时，可以将这种模型视为浅层前馈神经网络，也称为单层感知机，如图6-1所示。

浅层前馈神经网络的输出值由权重与其相应输入值的乘积加上一定的偏置值计算出来。浅层前馈神经网络不能用于逼近非线性函数。为了解决这个问题，可以在输入层和输出层之间嵌入隐层。

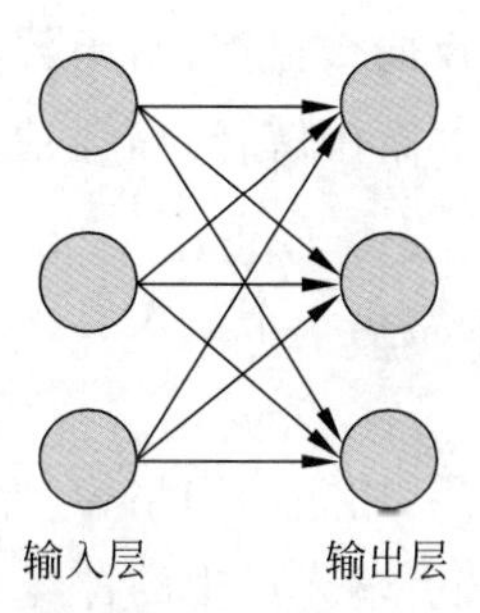

图 6-1　浅层前馈神经网络或单层感知机

6.1.2　深度前馈神经网络

当前馈神经网络具有一个或多个隐层，能够逼近更复杂函数时，该模型就是深度前馈神经网络，也称为多层感知机，如图 6-2 所示。

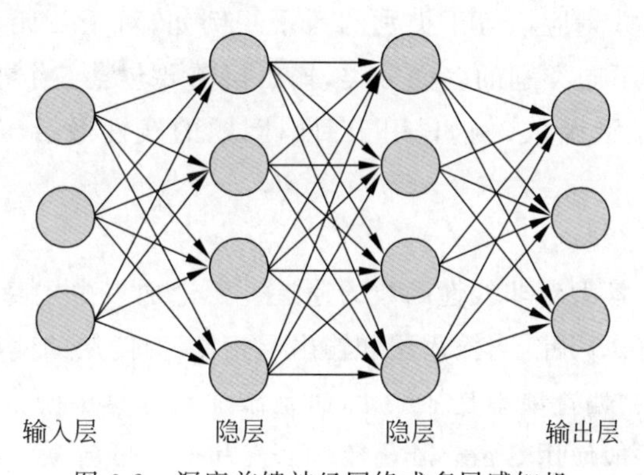

图 6-2　深度前馈神经网络或多层感知机

网络中每一层的神经元都与下一层的神经元相连，并使用激活函数。

泛逼近理论(**Universal Approximation Theory**)表明，前馈神经网络可以逼近欧氏空间紧子集上的任何实值连续函数。该理论还表明，只要给定适当的权重，神经网络可以表示所有可能的函数。

由于深度前馈神经网络可以近似任何线性或非线性函数，故可解决的问题非常广泛，包括分类和回归问题。本章的案例研究通过构建某个深度前馈神经网络，获得可接受的结果。

6.2　前馈神经网络架构

在前馈神经网络中，最左边的一层为输入层，由输入神经元组成。最右边的一层为输出层，由一组输出神经元或一个输出神经元组成。中间的层为隐层，有多个神经元可以保证模型逼近非线性函数。

前馈神经网络中使用一个具有反向传播、激活函数和损失函数的优化器以及在权重之上的附加偏置。这些术语已经在第 3 章中解释过，详情请参阅第 3 章。下面更为深入地考察前馈神经网络的网络层。

如前所述，前馈神经网络架构通常由一个输入层、一个输出层和一些隐层组成。

1. 输入层

输入层是前馈神经网络的第一层，用于向网络模型中输入数据。输入层不使用激活函数，它的唯一目的是将数据输入系统。输入层中的神经元数量必须等于输入数据的特征（即解释变量）数量。例如，如果使用 5 个不同的解释变量预测一个响应变量，那么模型的输入层必须含有 5 个神经元。

2. 输出层

输出层是前馈神经网络的最后一层，用于输出预测结果。输出层的神经元数量根据问题的性质决定。回归问题的目标是预测单个值，此时在输出层中设置单个神经元。对于分类问题，神经元的数量应该等于类别的数量。例如，对于二元分类，输出层应该包含两个神经元，对于 5 个不同类别的多元分类，输出层需要包含 5 个神经元。输出层还使用依据问题性质而定的激活函数（例如，用于回归问题的线性激活函数和用于分类问题的 Softmax 函数）。

3. 隐层

隐层的建立保证了模型对非线性函数的逼近。无论加多少层隐层都可以，每个隐层的神经元数量都可以改变。因此，与输入层和输出层相比，对隐层的使用要灵活得多。隐层是适合引入偏置项网络层，偏置项不是神经元，而是添加到计算中的常数，它会影响下一层中的每个神经元。隐层一般使用 Sigmoid 函数、Tanh 和 ReLU 等激活函数。

6.3.8 节将构建一个深度前馈神经网络展示所有这些层的作用，有了 Keras 序列 API，这个过程将变得非常简单。

6.3 案例分析：燃油经济学与 Auto MPG

现在基于前述前馈神经网络的基础知识，建立一个深度前馈神经网络来预测一辆汽车用一加仑汽油可以行驶多少英里，其中这个术语通常称为每加仑英里数（Miles Per Gallon，MPG）。可以使用一个名为 Auto MPG 数据集的经典数据集研究这个案例。Auto MPG 最初在 1983 年美国统计协会博览会上得到使用。该数据集主要根据 3 个多值离散值和 5 个连续属性值预测城市消耗每加仑燃料的行驶英里数。本案例参考了由 François Chollet 编写的教程，他是 Keras 库的创建者。

6.3.1 初始安装和导入

可以使用 TensorFlow 文档库，它最初不包括在 Google Colab Notebook 中。因此，使用下列代码开始案例研究：

```
# Install tensorflow_docs
!pip install -q git+https://github.com/tensorflow/docs
```

这个案例将使用很多程序库，首先导入开始使用的库：

```
# Import the initial libraries to be used
import tensorflow as tf
import pandas as pd
import numpy as np
import matplotlib.pyplot as plt
```

> **注意** 后面还会在适当的地方导入一些其他的程序库。

6.3.2 下载 Auto MPG 数据

即使 Auto MPG 是一个非常流行的数据集，也不能通过 TensorFlow 的数据集模块访问该数据集。不过有一种非常直接的方法（使用 tf.keras.utils 模块的 get_file()函数）通过下列代码将外部数据加载到 Google Colab Notebook 中：

```
autompg = tf.keras.utils.get_file(fname='auto-mpg')
#filename for local directory
origin='http://archive.ics.uci.edu/ml/machine-learning-databases/auto-mpg/auto-mpg.data'
#URL address to retrieve the dataset
```

> **注意** 可以从 UCI 机器学习存储库检索数据集。UC Irvine 提供了基本的存储库以及可以访问大量流行数据集的 Kaggle。

6.3.3 数据准备

在看到 UC Irvine 的 Auto MPG 数据集页面时，就可以看到一个属性列表，它代表了 Auto MPG 数据集中的所有变量。

（1）**mpg**：连续量（应变量）。

（2）**汽缸**：多值离散量。

（3）**排水量**：连续量。

(4) **马力**：连续量。

(5) **重量**：连续量。

(6) **加速度**：连续量。

(7) **车型年份**：多值离散量。

(8) **产地**：多值离散量。

(9) **车名**：字符串(每个例子独一无二)。

6.3.4 创建 DataFrame

在创建案例时,可以使用 Auto MPG 数据集的属性名称命名数据集列。如果在创建模型时已保存了相关数据,就可以从 Google Colab 目录导入：

```
column_names = ['mpg', 'cylinders', 'displacement', 'HP','weight', 'acceleration', 'modelyear',
'origin']
df = pd.read_csv(autompg, # name of the csv file
sep = " ", # separator in the csv file
comment = '\t', #remove car name sep. with '\t'
names = column_names,
na_values = '?', #NA values are coded as '?'
skipinitialspace = True)
df.head(2) #list the first two row of the dataset
```

运行函数 df.head(2)的结果如图 6-3 所示。

	mpg	cylinders	displacement	HP	weight	acceleration	modelyear	origin
0	18.0	8	307.0	130.0	3504.0	12.0	70	1
1	15.0	8	350.0	165.0	3693.0	11.5	70	1

图 6-3 Auto MPG 数据集的前两行

6.3.5 丢弃空值

使用以下代码检查空值的数量：

```
df.isna().sum()
```

得到的输出如图 6-4 所示,HP 列中显示有 6 个空值。

```
mpg             0
cylinders       0
displacement    0
HP              6
weight          0
acceleration    0
modelyear       0
origin          0
dtype: int64
```

图 6-4 Auto MPG 数据集中的空值数量

处理空值的方法有多种。首先，可以丢弃空值。其次，可以使用某种方法填充空值，例如使用其他观测值的平均值填充或者使用插值方法填充。为了简单起见，这里使用以下代码删除空值：

```
df = df.dropna() # Drop null values
df = df.reset_index(drop = True) # Reset index to tidy up the
dataset
df.show()
```

6.3.6 处理分类变量

回顾一下使用的数据集，它的 Pandas DataFrame 对象信息属性为：

```
df.info() # Get an overview of the dataset
```

如图 6-5 所示，可以看到 Auto MPG 数据集有 392 辆汽车的观测值，没有空值。汽缸、车型年份和产地是应该考虑使用虚拟变量的分类变量。

```
<class 'pandas.core.frame.DataFrame'>
RangeIndex: 392 entries, 0 to 391
Data columns (total 8 columns):
 #   Column        Non-Null Count  Dtype
---  ------        --------------  -----
 0   mpg           392 non-null    float64
 1   cylinders     392 non-null    int64
 2   displacement  392 non-null    float64
 3   HP            392 non-null    float64
 4   weight        392 non-null    float64
 5   acceleration  392 non-null    float64
 6   modelyear     392 non-null    int64
 7   origin        392 non-null    int64
dtypes: float64(5), int64(3)
memory usage: 24.6 KB
```

图 6-5　Auto MPG 数据集一览

虚拟变量是一种特殊的变量类型，它只接收值 0 或 1，用于表示是否存在分类效果。在机器学习研究中，类别变量的每个类别都被编码为一个虚拟变量。省略其中一个类别作为虚拟变量是一个很好的方法，这样可以防止多重共线性问题。

如果分类变量的值无法表明数学关系，那么使用虚拟变量尤为重要，这对于原始变量绝对有效。在 Auto MPG 数据集中，原始变量的值 1、2 和 3 分别代表美国、欧洲和日本，此时就需要为原始变量生成虚拟变量，首先删除第一个虚拟变量以防止发生多重共线性，随后删除初始原始变量（产地变量现在用生成的虚拟变量进行表示），通过以下代码行完成上述任务：

```
def one_hot_origin_encoder(df):
df_copy = df.copy()
df_copy['EU'] = df_copy['origin'].map({1:0,2:1,3:0})
```

```
df_copy['Japan'] = df_copy['origin'].map({1:0,2:0,3:1})
df_copy = df_copy.drop('origin',axis = 1)
return df_copy
df_clean = one_hot_origin_encoder(df)
```

运行函数 df_clean.head(2)的结果如图 6-6 所示。

	mpg	cylinders	displacement	HP	weight	acceleration	modelyear	EU	Japan
0	18.0	8	307.0	130.0	3504.0	12.0	70	0	0
1	15.0	8	350.0	165.0	3693.0	11.5	70	0	0

图 6-6 具有虚拟变量的 Auto MPG 数据集的运行结果

6.3.7 将 Auto MPG 分为训练集和测试集

在实现了对数据集的清洗后，就可以将它们分成训练集和测试集。使用训练集来训练神经网络(即优化神经元的权重)使得误差最小化。使用测试集作为神经网络模型从未见过的观测值来测试已训练神经网络模型的性能。

因为数据集以 Pandas DataFrame 对象的形式存在，所以可以使用样本属性。一般保留80%的观察样本用于训练，20%的观察样本用于测试。此外，还需要将标签从属性中分离出来，以便可以将特性作为输入，并使用标签检查结果。

可以通过以下代码行完成上述任务：

```
# Training Dataset and X&Y Split
# Test Dataset and X&Y Split
# For Training
train = df_clean.sample(frac = 0.8,random_state = 0)
train_x = train.drop('mpg',axis = 1)
train_y = train['mpg']
# For Testing
test = df_clean.drop(train.index)
test_x = test.drop('mpg',axis = 1)
test_y = test['mpg']
```

现在已经将数据集划分为训练集和测试集，下面对数据进行规范化处理。如第 3 章所述，特征缩放是数据准备的一个重要部分。如果没有经过特征缩放，则会对模型产生不利影响。

需要提取平均值和标准差手动完成数据的归一化处理。使用下列代码可以很容易地生成这个数据集：

```
train_stats = train_x.describe().transpose()
```

运行 train_stats 就可以得到如图 6-7 所示的输出。

有了训练集特征的均值和标准差值，就可以对训练集和测试集做归一化处理了。自定

	count	mean	std	min	25%	50%	75%	max
cylinders	314.0	5.477707	1.699788	3.0	4.00	4.0	8.00	8.0
displacement	314.0	195.318471	104.331589	68.0	105.50	151.0	265.75	455.0
HP	314.0	104.869427	38.096214	46.0	76.25	94.5	128.00	225.0
weight	314.0	2990.251592	843.898596	1649.0	2256.50	2822.5	3608.00	5140.0
acceleration	314.0	15.559236	2.789230	8.0	13.80	15.5	17.20	24.8
modelyear	314.0	75.898089	3.675642	70.0	73.00	76.0	79.00	82.0
EU	314.0	0.178344	0.383413	0.0	0.00	0.0	0.00	1.0
Japan	314.0	0.197452	0.398712	0.0	0.00	0.0	0.00	1.0

图 6-7　训练集数据中的 train_stats DataFrame

义的 normalizer()函数可用于训练及测试新的观察集。

```
# Feature scaling with the mean
# and std. dev. values in train_stats
def normalizer(x):
return (x - train_stats['mean'])/train_stats['std']
train_x_scaled = normalizer(train_x)
test_x_scaled = normalizer(test_x)
```

注意，没有对标签(y)值进行规范化，这是因为它们宽广的值域不会对神经网络模型构成威胁。

6.3.8　模型构建与训练

数据现在已经被清洗干净，并为前馈神经网络流程做好了准备。下面建立并训练神经网络模型。

1. Tensorflow 导入

前面已经有了一些最初模块的导入。这一部分将导入剩余的模块和库用于构建、训练和评估前馈神经网络。

剩余库的导入代码如下：

```
# Importing the required Keras modules containing model and layers
from tensorflow.keras.models import Sequential
from tensorflow.keras.layers import Dense
# TensorFlow Docs Imports for Evaluation
import tensorflow_docs as tfdocs
import tensorflow_docs.plots
import tensorflow_docs.modeling
```

Sequential()函数是用于模型构建的 API；Dense()函数则是在前馈神经网络中使用的层；tf.docs 用于模型评估。

2. 序列 API 模型

在使用序列 API 创建模型对象并将其命名为 model 后，就可以通过添加 Dense()函数层塑造空模型。除了最后一层外，每个稠密层都需要一个激活函数。本案例可以使用ReLU，也可以随意设置其他激活函数，如 Tanh 或 Sigmoid 函数。因为这是一个回归问题，所以 input_shape 参数值必须等于特征的数量，并且输出层必须只有一个神经元。

```
# Creating a Sequential Model and adding the layers
model = Sequential()
model.add(Dense(8,activation = tf.nn.relu, input_shape = [
train_x.shape[1]])),
model.add(Dense(32,activation = tf.nn.relu)),
model.add(Dense(16,activation = tf.nn.relu)),
model.add(Dense(1))
```

运行以下一行代码就可以看到如图 6-8 所示的模型流程图：

```
tf.keras.utils.plot_model(model, show_shapes = True)
```

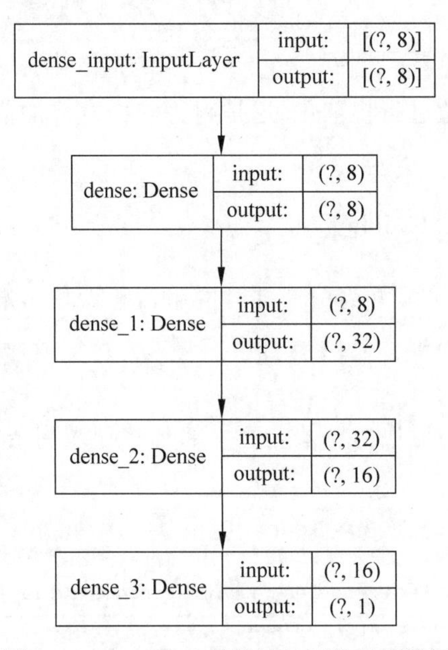

图 6-8 Auto MPG 前馈神经网络的流程图

3. 模型配置

在构建了神经网络的主要网络结构后，开始训练前，还需要配置优化器、损失函数和度量。可以在神经网络使用 Adam 优化器和均方误差。此外，TensorFlow 还提供了平均绝对误差值。可以使用下面的代码实现对模型的配置：

```
# Optimizer, Cost, and Metric Configuration
model.compile(optimizer = 'adam',
```

```
            loss = 'mse',
            metrics = ['mse','mae']
)
```

正如第3章中所述,提前停止是对抗过度拟合的一种强大方法。如果在50个历元内没有看到有价值的改进,就使用下列代码设置一个提前停止器。

```
# Early Stop Configuration
early_stop = tf.keras.callbacks.EarlyStopping( monitor = 'val_loss', patience = 50)
```

完成模型配置后,可以使用模型对象的fit属性训练模型:

```
# Fitting the Model and Saving the Callback Histories
history = model.fit(
        x = train_x_scaled,
        y = train_y,
        epochs = 1000,
        validation_split = 0.2,
        verbose = 0,
callbacks = [early_stop, tfdocs.modeling.EpochDots()])
```

这里预留了20%的训练集用于验证。因此,在测试集之前就可以对神经网络模型进行评估。将历元设置为1000,但是如果无法观察到对验证损失有价值的改进,则需要提前停止训练过程。最后,使用callbacks参数保存有价值的信息,以便使用绘图和其他有用的工具完成对模型的评估。

6.3.9 结果评价

可以对训练好的模型进行评估。**TensorFlow Docs**库允许绘制每个时期的损失值。使用HistoryPlotter创建一个新对象,具体代码如下:

```
plot_obj = tfdocs.plots.HistoryPlotter(smoothing_std = 2)
```

在创建对象之后,就可以使用plot属性创建plot,并可以像在Matplotlib中一样设置ylim和ylabel的取值,具体代码如下:

```
plot_obj.plot({'Auto MPG': history}, metric = "mae")
plt.ylim([0, 10])
plt.ylabel('MAE [mpg]')
```

图6-9给出了每个历元的损失值。

有了模型的evaluate属性,就可以使用测试集实现对模型的评估。下面几行代码使用测试集生成损失、MAE和MSE值,如图6-10所示。

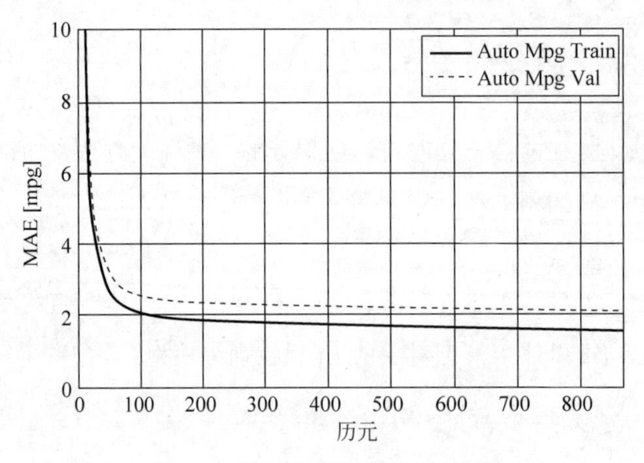

图 6-9 每个历元平均绝对误差值

```
loss,mae,mse = model.evaluate(test_x_scaled,test_y,verbose = 2)
print("Testing set Mean Abs Error: {:5.2f} MPG".format(mae))
```

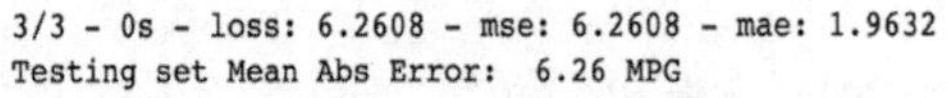

```
3/3 - 0s - loss: 6.2608 - mse: 6.2608 - mae: 1.9632
Testing set Mean Abs Error:  6.26 MPG
```

图 6-10 Auto MPG 训练模型的评价结果

使用测试集标签生成预测，只需一行代码即可：

```
test_preds = model.predict(test_x_scaled).flatten()
```

最后将测试集的标签值(实际值)与测试集特性生成的预测值(参见图 6-11)绘制成图，代码如下：

```
eevaluation_plot = plt.axes(aspect = 'equal')
plt.scatter(test_y, test_preds) # Scatter Plot
plt.ylabel('Predictions [mpg]') # Y for Predictions
plt.xlabel('Actual Values [mpg]') # X for Actual Values
plt.xlim([0, 50])
plt.ylim([0, 50])
plt.plot([0, 50], [0, 50]) # line plot for comparison
```

还可以生成一个直方图用于显示误差项在零附近的分布(如图 6-12 所示)，这是关于模型偏差的一个重要指标。生成直方图的代码如下：

```
error = test_preds - test_y
plt.hist(error, bins = 25)
plt.xlabel("Prediction Error [mpg]")
plt.ylabel("Count")
```

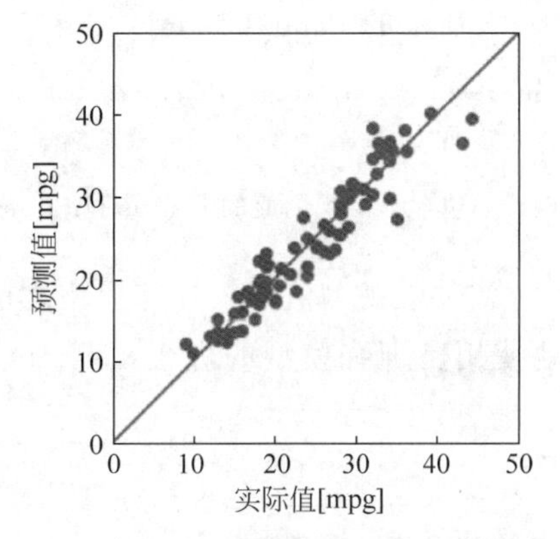

图 6-11　实际测试标签与其预测值的散点图

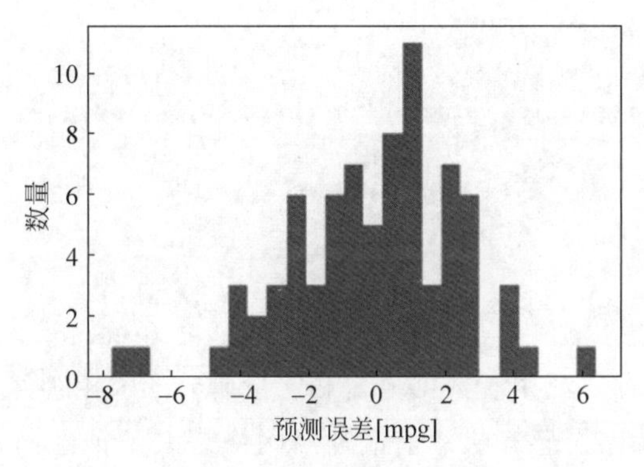

图 6-12　模型在零附近的误差分布直方图

6.3.10　使用新的观测数据进行预测

之前生成的散点图和直方图都表明训练过的模型是健康的，损失值也在一个可接受的范围之内，因此，可以使用这个训练过的模型利用自己的虚拟观察样本值，做出新的预测。

使用下列代码创建一个虚拟汽车：

```
# Prediction for Single Observation
# What is the MPG of a car with the following info:
new_car = pd.DataFrame([[8, #cylinders
                         307.0, #displacement
                         130.0, #HP
                         5504.0, #weight
                         12.0, #acceleration
                         70, #modelyear
                         1 #origin
]], columns = column_names[1:])
```

这段代码可以创建如图6-13所示的Pandas DataFrame。

	cylinders	displacement	HP	weight	acceleration	modelyear	origin
0	8	307.0	130.0	5504.0	12.0	70	1

图6-13 包含单个观测值的Pandas DataFrame

这里需要创建虚拟变量，并需要在观测值输入训练模型之前对其进行规范化处理。在这些操作之后，就可以简单地使用已训练模型的进行预测。可以通过以下代码完成上述任务：

```
new_car = normalizer(one_hot_origin_encoder(new_car))
new_car_mpg = model.predict(new_car).flatten()
print('The predicted miles per gallon value for this car is:',new_car_mpg)
```

运行以上代码可得到以下结果：

```
The prediction miles per gallon value for this car is:
[14.727904]
```

6.4 小结

前馈神经网络是一种广泛用于数据分析和定量研究的人工神经网络。它是一种最古老的人工神经网络，也称为多层感知机。前馈神经网络是人工神经网络家族的骨干。可以在卷积神经网络家族的末端找到它。循环神经网络则是由前馈神经网络发展而来，具有额外的信息双向传播性质。

第7章将深入考察卷积神经网络，这是一组广泛应用于计算机视觉、图像和视频处理等领域的神经网络模型。

第7章

卷积神经网络

可以肯定地说,卷积神经网络(CNN 或 ConvNet)是最强大的监督深度学习模型之一。CNN 虽然是一类主要用于处理图像数据的深度网络模型,但可以使用 CNN 模型处理各种实际问题,包括但不限于图像识别、自然语言处理、视频分析、异常检测、药物发现、健康风险评估、推荐系统和时间序列预测。

CNN 通过在训练数据中发现的比较基本的模式构建比较复杂的模式,从而获得较高水平的模型精度。例如,从线条到眉毛,从两道眉毛到人脸,再到一个完整的人体形象,CNN 仅仅通过线条信息就可以正确地识别图像中的人体目标。为了组合这些模式,CNN 需要进行少量的数据准备,可以使用相关的算法自动执行这些操作。与其他用于图像处理模型相比,CNN 的这个特点很有优势。

现在 CNN 模型整体架构已经得到精简。CNN 模型的最后一部分非常类似于前馈神经网络(如 RegularNets 或多层感知机),其中包含完全连接的神经元层,具有权重和偏置项。就像前馈神经网络一样,在 CNN 中包含一个损失函数(如交叉熵、MSE)、多个激活函数和一个优化器(如 SGD、Adam 优化器)。除此之外,CNN 模型中还有卷积层、池化层和扁平化层。

接下来重点讨论为什么 CNN 比较适合用于图像处理。

> **注意** 通常会以图像数据为例说明 CNN 的概念。但要注意,CNN 模型仍然适用于不同类型的数据,如音频的波谱信息或股票价格信息等。

7.1 为什么选择使用卷积神经网络

前馈神经网络结构的主要特征是相邻层的所有神经元之间相互连接。例如,对于一幅 28×28 像素的灰度图像,需要管理 784(28×28×1)个神经元连接。然而,大多数图像具有更多数量的像素而且不是灰度图。对于一幅 4K 超高清彩色图像,在输入层中有 26542080(4096×2160×3)个不同的神经元连接到下一层的神经元,这是不可管理的。因此,可以说前馈神经网络的结构对于图像分类问题来说是不可伸缩的。然而,特别是对于图像数据而言，两个单独像素之间似乎没有什么相关性或关系，除非它们彼此靠得很近。这个重要的发现激发了在 CNN 架构中设计出卷积层和池化层的想法。

7.2 CNN 的架构

CNN 架构的初始网络层通常包含几个卷积层和池化层，它们主要用于简化图像数据的复杂性和降低规模。此外，它们对于从图像中获得的基本模式中提取复杂模式也非常有用。在经过几个卷积层和池化层（通过激活函数支持）的处理之后，需要将数据从二维或三维数组转化为带有扁平化层的一维数组。在扁平化层之后，使用一组全连接层将扁平化的一维数组作为输入，完成分类或回归任务。下面逐一介绍这些网络层。

7.2.1 CNN 中的网络层

我们可以在卷积神经网络中使用许多不同类型的网络层。卷积层、池化层和全连接层是其中最重要的网络层。因此，在结合具体案例实现这些网络层之前，对这些网络层做一个简要介绍。

1. 卷积层

卷积层是从图像样本中提取特征的第一层。由于像素只与相邻的和其他相近的像素相关，卷积允许保持图像不同部分之间的关系。卷积层的任务仅仅是使用尺寸较小的像素滤波器对图像进行滤波，在不丢失像素之间关系的情况下缩减图像的大小。对于 5×5 像素的图像，使用 3×3 像素的滤波器和 1×1 步长（每步移动 1 像素），可以得到 3×3 像素的输出（复杂度降低 64%），如图 7-1 所示。

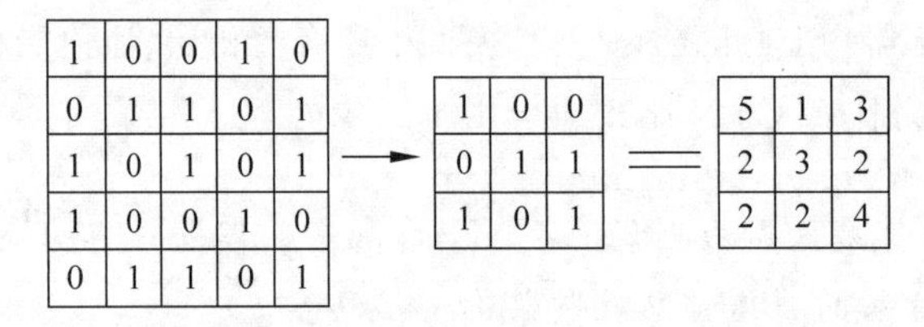

图 7-1　5×5 像素图像与 3×3 像素的滤波器（步长为 1×1 像素）

2. 滤波

滤波将部分图像数据中的每个值与相应的滤波值相乘然后相加完成计算。图 7-1 中第一次的滤波计算如图 7-2 所示（图 7-2 的具体计算过程见表 7-1）。

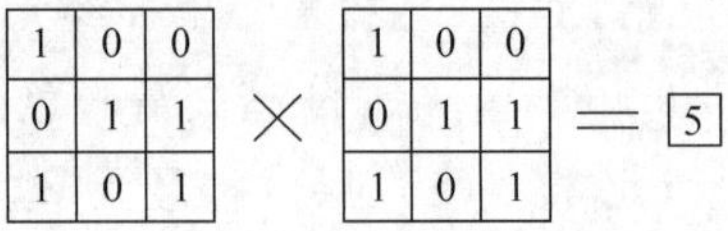

$$\begin{bmatrix}1&0&0\\0&1&1\\1&0&1\end{bmatrix} \times \begin{bmatrix}1&0&0\\0&1&1\\1&0&1\end{bmatrix} = \boxed{5}$$

图 7-2　图 7-1 中的第一次滤波操作

表 7-1　图 7-2 中的滤波计算表

行	计　算	结　果
第一行	(1×0)+(0×0)+(1×0)+	=5
第二行	(0×0)+(1×1)+(1×1)+	
第三行	(1×1)+(0×0)+(1×1)+	

使用太大的滤波器虽然会降低复杂性，但也有可能丢失重要模式。因此，需要设置一个适当大小的滤波器保留重要的模式，并充分降低数据的复杂性。

3. 步长

步长是一个参数，用于设置每次卷积操作后滤波器移动多少个像素。对于前面的例子：

(1) 如果选择 1×1 像素的步长，就需要移动滤波器 9 次来处理所有数据。

(2) 如果选择 2×2 像素的步长，移动滤波器 4 次就可以处理所有的数据。

使用较大的步长值可以减少滤波器的计算次数，显著降低模型的复杂性，但可能会在滤波计算过程中丢失一些模式。因此，需要设置一个最优的步长值——不要太大，也不要太小。

4. 池化层

构造 CNN 几乎标准的做法是在每个卷积层之后插入池化层，以缩减表示空间大小，减少参数个数，从而降低计算复杂度。此外，池化层还有助于解决过度拟合问题。

池化操作需要确定池化的大小，通过选择池化范围内像素的最大值、平均值或总和来减少参数的数量。如图 7-3 所示最大池化是最常见的一种池化技术。

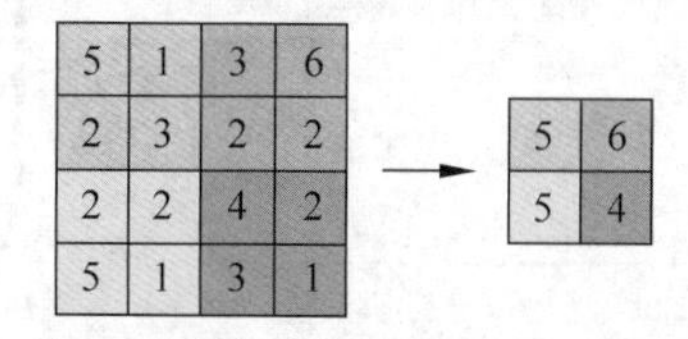

图 7-3　2×2 的最大池化

对于池化层的计算，首先设置 $N\times N$ 像素的池化大小，将图像数据划分为多个 $N\times N$ 像素的分块，然后选择这些分块内像素的最大值、平均值或总和值作为输出。

对于图 7-3 中的例子，将 4×4 像素的图像分割成 2×2 像素的分块，总共得到 4 个分块。由于使用的是最大池化，所以选择这些分块中像素的最大值，并创建一个仍然包含原始图像数据中所含模式的缩减图像。

为 $N\times N$ 选择一个最佳值，对于保持数据中的模式并降低复杂性也是至关重要的。

5. 全连接层

CNN 中的全连接网络是一种嵌入式前馈神经网络，其中每一层的每个神经元与下一层的神经元相连，以确定每个参数与标签的真实关系和产生的影响。由于卷积层和池化层大大降低了时空复杂度，因此可以在 CNN 的末端构建一个全连接网络实现图像的分类。图 7-4 所示为一组全连接层。

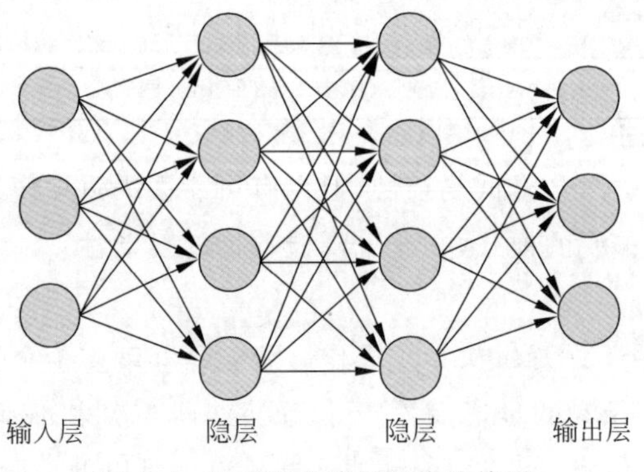

图 7-4 具有两个隐层的全连接层

7.2.2 完整的 CNN 模型

现在已经对 CNN 各个层次有了一些了解，图 7-5 表示一个完整卷积神经网络的总体架构。

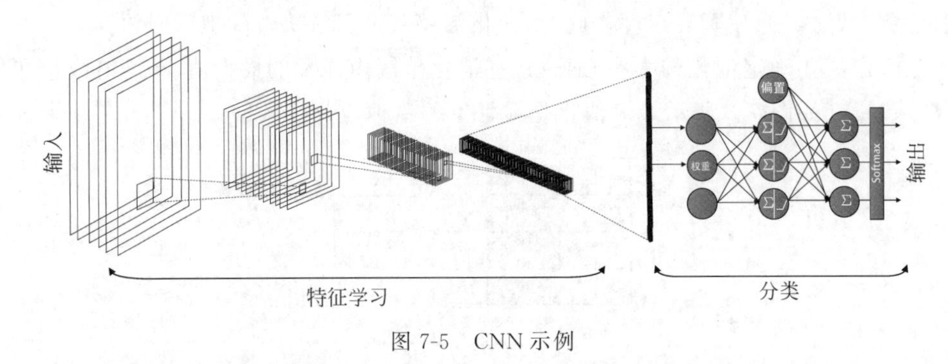

图 7-5 CNN 示例

CNN 网络模型使用卷积层和池化层完成特征提取，使用全连接层完成分类任务。

7.3 案例研究：MNIST 的图像识别

前面已经介绍了卷积神经网络的基础知识，现在可以构建一个用于图像分类的 CNN 模型。这里使用图像分类领域最常用的一个经典数据集：MNIST 数据集，它是一个关于手写数字的图像数据库，通常用于训练各种图像处理系统。

7.3.1 下载 MNIST 数据

MNIST 数据集是图像分类领域最常见的数据集之一，有多种访问途径。TensorFlow 允许直接从它的 API 导入和下载 MNIST 数据集。因此，从下面两行代码开始，在 Keras API 下导入 TensorFlow 和 MNIST 数据集：

```
import tensorflow as tf
import tensorflow_datasets as tfds
(x_train, y_train), (x_test, y_test) = tfds.as_numpy(tfds.load('mnist', #name of the dataset
split = ['train', 'test'], #both train & test sets
batch_size = -1, #all data in single batch
as_supervised = True, #only input and label
shuffle_files = True #shuffle data to randomize
))
```

MNIST 数据库包含 60000 张训练图像和 10000 张测试图像，这些图像来自美国人口普查局雇员和美国高中生。因此，在第二行代码将这两组分离为训练集和测试集，同时也将标签和图像分离。x_train 和 x_test 部分包含灰度 RGB 代码(0～255)，y_train 和 y_test 部分则包含 0～9 的标签，这表示它们实际是哪个数字。为了使这些数字形象化，可以历元 Matplotlib。

```
import matplotlib.pyplot as plt
img_index = 7777 #You may pick a number up to 60,000
print("The digit in the image:", y_train[img_index])
plt.imshow(x_train[img_index].reshape(28,28), cmap = 'Greys')
```

运行上述代码可以将图像的灰度值进行可视化展示，如图 7-6 所示。

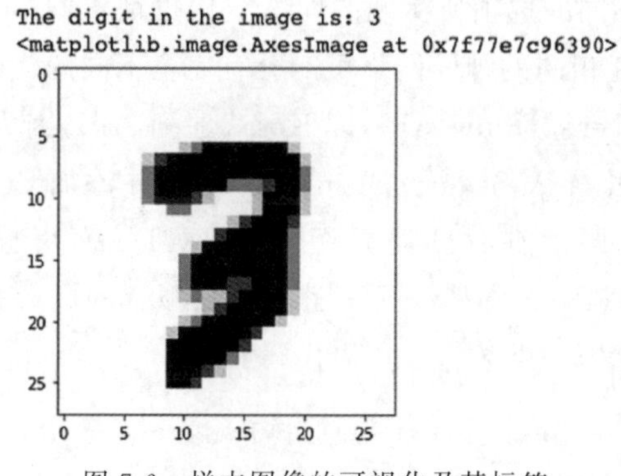

图 7-6 样本图像的可视化及其标签

还需要知道数据集的形状，以便将其输入到卷积神经网络。可以使用 NumPy 数组的 shape 属性，代码如下：

```
x_train.shape
```

得到的输出是(60000,28,28,1)。其中,60000 表示训练数据集中的图像数量;(28,28)表示图像的大小为 28×28 像素;1 表示图像没有颜色。

7.3.2 图像的重塑与标准化

通过使用 TensorFlow 的 dataset API,现在已经创建了一个用于训练的四维 NumPy 数组,这是所需的数组维度。另外,必须对数据进行规范化处理,因为这是神经网络模型的最佳实践。可以通过将灰度 RGB 码(即最大灰度 RGB 码减去最小灰度 RGB 码)划分为 255 个级别来完成,具体代码如下:

```
# Making sure that the values are float so that we can get decimal points after division
x_train = x_train.astype('float32')
x_test = x_test.astype('float32')
# Normalizing the grayscale RGB codes by dividing it to the"max minus min grayscale RGB value".
x_train /= 255
x_test /= 255
print('x_train shape:', x_train.shape)
print('Number of images in x_train', x_train.shape[0])
print('Number of images in x_test', x_test.shape[0])
```

7.3.3 构建卷积神经网络

这里使用高级的 Keras 序列 API 构建模型,以便简化开发过程。这里要提一下,还有其他高级的 TensorFlow API,如 Estimators、Keras 功能 API 等,它们可以帮助使用高级知识创建神经网络。这些不同的选项所实现的网络结构也都不同,可能会产生一些混淆。因此,使用 TensorFlow 构建相同的神经网络可能会有完全不同的代码。

这里使用最直接的 TensorFlow API,即 Keras 序列 API,因为这里不需要太多的灵活性。因此,可以从 Keras 中导入 Sequential model 对象,并添加 Conv2D、最大池化层、扁平化层、Dropout 层和稠密层。前面已经介绍了 Conv2D、最大池化层和稠密层。此外,Dropout 层通过在训练时忽略一些神经元来解决过度拟合问题,扁平化层在构建完全连接层之前将二维数组扁平化为一维数组。具体代码如下:

```
# Importing the required Keras modules containing model and layers
from tensorflow.keras.models import Sequential
from tensorflow.keras.layers import Dense,Conv2D,
Dropout,Flatten,MaxPooling2D
# Creating a Sequential Model and adding the layers
model = Sequential()
```

```
model.add(Conv2D(28,kernel_size = (3,3), input_shape = (28,28,1)))
model.add(MaxPooling2D(pool_size = (2,2))
model.add(Flatten()) #Flattening the 2D arrays for fully connected layers
model.add(Dense(128,activation = tf.nn.relu))
model.add(Dropout(0.2))
model.add(Dense(10,activation = tf.nn.softmax))
```

可以使用任何数字来实验第一层稠密层；最后一层稠密层必须有10个神经元，因为有10个数字类别(0,1,2,…,9)。为了得到更好的结果，可以在第一层稠密层中进行滤波器大小、池大小、激活函数、Dropout比率和神经元数量的实验。

7.3.4 模型的编译与调试

使用前面的代码创建了一个未优化的空CNN，现在可以设置基于给定损失函数的优化器了。然后，可以使用训练数据拟合网络模型。完成这些任务的代码如下，输出结果如图7-7所示。

```
model.compile(optimizer = 'adam',
              loss = 'sparse_categorical_crossentropy',
              metrics = ['accuracy'])
model.fit(x = x_train, y = y_train, epochs = 10)
```

```
Epoch 1/10
1875/1875 [==============================] - 31s 17ms/step - loss: 0.2030 - accuracy: 0.9391
Epoch 2/10
1875/1875 [==============================] - 31s 17ms/step - loss: 0.0811 - accuracy: 0.9744
Epoch 3/10
1875/1875 [==============================] - 31s 17ms/step - loss: 0.0550 - accuracy: 0.9822
Epoch 4/10
1875/1875 [==============================] - 32s 17ms/step - loss: 0.0413 - accuracy: 0.9862
Epoch 5/10
1875/1875 [==============================] - 31s 17ms/step - loss: 0.0325 - accuracy: 0.9889
Epoch 6/10
1875/1875 [==============================] - 31s 17ms/step - loss: 0.0271 - accuracy: 0.9910
Epoch 7/10
1875/1875 [==============================] - 31s 17ms/step - loss: 0.0245 - accuracy: 0.9920
Epoch 8/10
1875/1875 [==============================] - 33s 18ms/step - loss: 0.0211 - accuracy: 0.9926
Epoch 9/10
1875/1875 [==============================] - 32s 17ms/step - loss: 0.0197 - accuracy: 0.9932
Epoch 10/10
1875/1875 [==============================] - 31s 17ms/step - loss: 0.0164 - accuracy: 0.9945
<tensorflow.python.keras.callbacks.History at 0x7f1a2a44a550>
```

图7-7 CNN训练MNIST数据集的历元数据

实验中可以尝试使用各种优化器、损失函数、度量和时间。例如，使用Adam优化器、分类交叉熵和模型精度等合适的度量标准自由地进行实验。

上面实例中历元数可能看起来有点小，然而可以轻松达到98%～99%的测试精度。由于MNIST数据集不需要大量的计算能力，所以也可以尝试改变历元的数量进行测试。

7.3.5 评价模型

最后,可以使用下面一行代码评价训练完成的模型:

```
model.evaluate(x_test, y_test)
```

图7-8显示的结果为基于测试集10个历元的评价结果。

```
313/313 [==============================] - 2s 7ms/step - loss: 0.0669 - accuracy: 0.9850
[0.06689412891864777, 0.9850000143051147]
```

图7-8 使用MNIST训练CNN模型的评价结果,准确率为98.5%

这个基本模型的预测精度达到98.5%。坦率地说,对于大多数图像分类案例(例如,自动驾驶汽车),甚至不能容忍0.1%的误差。例如,如果建立一个自动驾驶系统,0.1%的误差就意味着1000个案例中可能会发生1起事故。然而,对于第一个模型,可以说这个结果还是比较好的。

也可以用下面的代码进行独立的预测:

```
img_pred_index = 1000
plt.imshow(x_test[img_pred_index].reshape(28,28),cmap='Greys')
pred = model.predict(
x_test[img_pred_index].reshape(1,28,28,1))
print("Our CNN model predicts that the digit in the image is:",
pred.argmax())
```

训练完成的CNN模型将图像分类为数字"5",如图7-9所示。

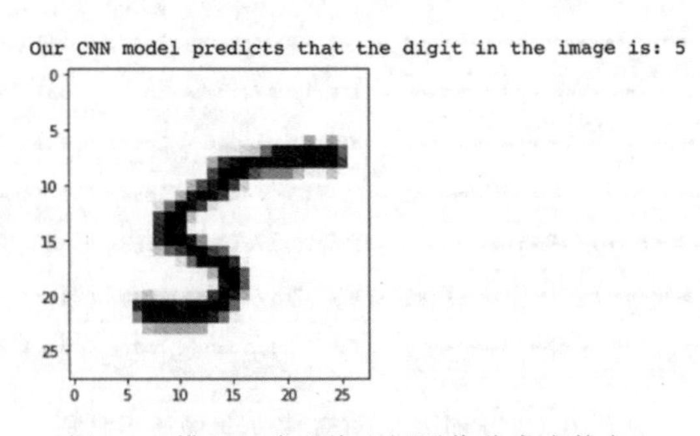

图7-9 模型正确地将这幅图像分类为数字5

注意,由于数据集进行了置乱处理,可能会看到索引1000获得与此不同的图像。但模型预测数字的准确率仍然在98%左右。

虽然图像中数字5的书写不是很好,但模型能够对其进行正确的分类。

7.3.6 保存训练完成的模型

这里使用 TensorFlow 的 Keras 序列 API 构建了第一个卷积神经网络，用于对手写数字进行分类，达到了 98%以上的准确度水平，可以使用下列代码行保存这个模型：

```
# Save the entire model as a SavedModel.
# Create a 'saved_model' folder under the 'content' folder of your Google Colab Directory.
!mkdir -p saved_model
# Save the full model with its variables, weights, and biases.
model.save('saved_model/digit_classifier')
```

可以使用 SavedModel 重建已经训练完成的 CNN 模型，并使用这个模型来创建不同的应用程序，如数字分类器游戏或图像到数字转换器。

注意 有两种保存选项——较新的 SavedModel 和老式的 H5 格式。想了解更多关于这些格式之间的区别，请查阅 TensorFlow 指南的保存和加载部分。

7.4 小结

卷积神经网络是一种非常重要和有用的神经网络模型，主要用于图像处理和分类。可将图像中的目标检测和分类用于多个不同的领域，如制造领域的异常检测、运输领域的自动驾驶以及零售领域的库存管理。CNN 在处理音视频信息以及财务数据方面也很有用。因此，CNN 的应用类型比前面提到的其他神经网络更加广泛。

CNN 由用于特征学习的卷积层和池化层以及一组用于预测和分类的全连接层组成。CNN 降低了数据的复杂性，这是前馈神经网络做不到的。

第 8 章将介绍另一种基本的神经网络结构：循环神经网络，这种网络特别适合对序列数据（如音频、视频、文本和时间序列数据）的处理。

第 8 章

循环神经网络

第 6 章介绍了前馈神经网络这个最基本的人工神经网络，然后第 7 章介绍了人工神经网络的一种基本结构：卷积神经网络。卷积神经网络在图像数据处理方面取得了非常好性能。本章介绍另外一种类型的人工神经网络模型：循环神经网络(RNN)，这种神经网络专门用于处理序列数据。

8.1 序列数据与时序数据

RNN 对于序列数据非常有用。如果熟悉预测分析，可能知道对时间序列数据进行预测需要不同于横截面数据的方法。

横截面数据是指记录在单个时间点上的一组观测数据，例如许多不同的股票在今年年底的回报率。

时间序列数据是指在一段时间内以等时间间隔记录的一组观测数据。例如，过去 10 年里某只股票每年的回报率。

对于时间序列数据集，观测数据通常基于时间戳记录，但这不能将其直接推广到序列数据。序列数据是一个更加广泛的术语，是指任何与观测顺序有关的数据。时间序列则是按时间戳排序的一种特殊类型的序列数据。例如，一个句子的顺序(由几个单词组成)对它所表达的含义至关重要，通常不能随意改变单词的顺序而期望它表示某种含义。然而，句子中的单词并没有时间戳，不能携带任何时间信息。因此，它们只是序列数据，而不是时间序列数据。另一种序列数据(但不是时间序列数据)的例子是 DNA 序列。DNA 序列的顺序至关重要，它们不是基于时间戳排序的。序列数据与时间序列数据的关系如图 8-1 所示。

现在已经了解了时间序列数据和序列数据(更广泛的术语)之间的关系，也知道了序列数据通常包含时间序列数据，除非另有说明。

与其他神经网络模型相比，RNN 在处理序列数据问题方面通常更加有效。因此，知道如何将循环神经网络用于解决序列数据问题十分重要，例如股票价格预测、销售预测、DNA 序列建模和机器翻译。

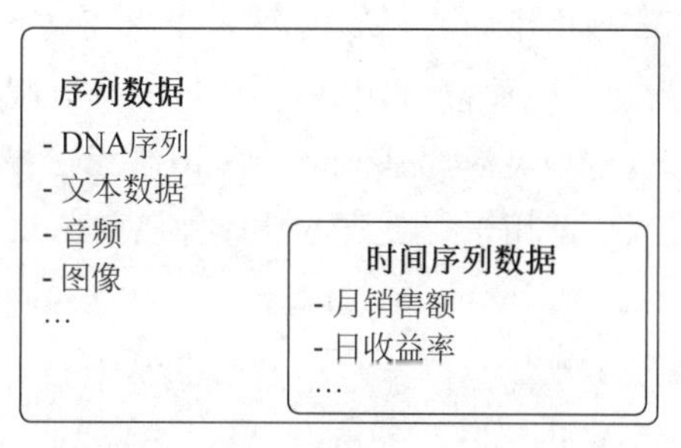

图 8-1 序列数据与时间序列数据的关系

8.2 RNN 与序列数据

前馈神经网络有 3 个主要的局限性,因而不适用于序列数据:

(1) 前馈神经网络不能考虑数据之间的顺序。

(2) 前馈神经网络只能接受固定长度的输入。

(3) 前馈神经网络不能进行输出长度有变化的预测。

序列数据的一个基本特征是其顺序的重要性。重新安排月销售额的顺序可以将上升趋势转变为下降趋势,对下个月销售额的预测也会发生很大的变化。这就是前馈神经网络的局限性所在。由于这种限制,前馈神经网络不能考虑数据的顺序。重新调整月销售额的顺序也会得到完全相同的结果,这表明前馈神经网络不能利用输入数据的顺序信息。

如图 8-2 所示,对于序列数据研究的领域,需要解决的问题的性质也各不相同。机器翻译任务本质上是多对多的问题,情感分析则是多对一的任务。特别是对于可能有很多输入的任务,通常需要模型可以接受长度可变的输入。然而,前馈神经网络要求模型具有固定长度的输入,因而不适用于多数关于序列数据的问题。如果某个模型被训练为使用最近 7 天的数据进行预测,那么这个模型就不能使用第 8 天的数据。

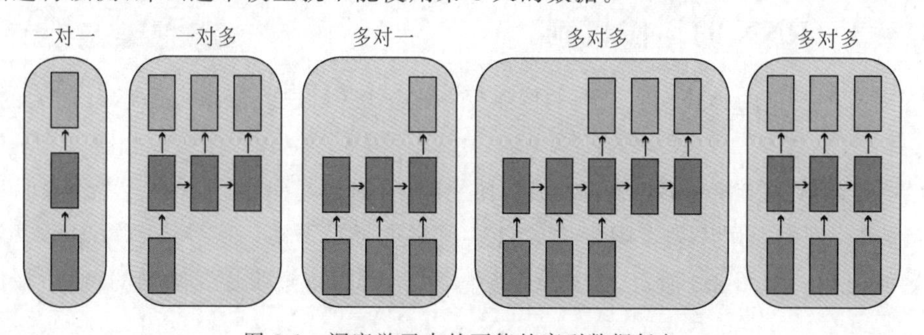

图 8-2 深度学习中的可能的序列数据任务

另外,前馈神经网络不能输出不同的长度预测结果,特别是对于机器翻译问题,存在无法提前知道输出的长度的问题。例如,英语中某个长句子可以很容易地用另一种语言仅包含 3 个单词的句子进行表达,这种灵活性是前馈神经网络无法提供的。但是,RNN 提供了解决此问题的能力,所以可以广泛用于解决机器翻译等任务。

8.3 RNN 基础

下面快速浏览一下 RNN 的历史,并简要介绍 RNN 的实际用例和运作机制。

8.3.1 RNN 的历史

前面已经介绍了关于 RNN 的一些历史。开发 RNN 的主要动机是消除 8.2 节提到的问题。多年来,研究者根据各自的研究领域开发了不同的 RNN 架构。RNN 有很多变体,形成了几十种不同的 RNN 架构。第一个 RNN 是 John Hopfield 在 1982 年开发的 Hopfield 网络。1997 年,Hochreiter 和 Schmidhuber 发明了 LSTM 网络,可以解决传统 RNN 中存在的问题。LSTM 网络在序列数据任务中表现良好,是目前广泛应用的一种 RNN 网络结构。2014 年,Kyunghyun Cho 引入门控循环单元(Gated Recurrent Unit, GRU)简化 LSTM 网络。GRU 也可以很好地执行很多任务,而且它的内部结构比 LSTM 更加直观。本章将比较详细地介绍简单 RNN、LSTM 和 GRU。

8.3.2 RNN 的应用

现实世界中有大量的 RNN 应用,其中一些应用只能用 RNN 构建。没有 RNN,在许多领域就无法找到有效的解决方案,比如机器翻译或情感分析。下面列出 RNN 的一些可能用途:语法学习、手写识别、动作识别、机器翻译、机器作曲、蛋白质亚细胞定位预测、医疗路径预测、蛋白质同源性检测、节奏学习、机器人学、情绪分析、语音识别与合成、时间序列异常检测、时间序列预测。

8.3.3 RNN 的运作机制

RNN 通过模型的神经元将先前的信息保存在记忆中,这些信息被保存为 RNN 神经元的状态。

在深入了解 LSTM 和 GRU 的内部结构之前,首先通过一个基本的天气预报示例来了解内存结构。现在想用序列数据提供的信息预测是否会下雨。这种序列数据可以来自文本、语音或视频。如图 8-3 所示,随着每个新信息输入,可以逐步更新降雨的概率,最后得出结论。

在图 8-3 中,模型首先记录了多云的天气。这个单一的信息表示的是有可能降雨,它计

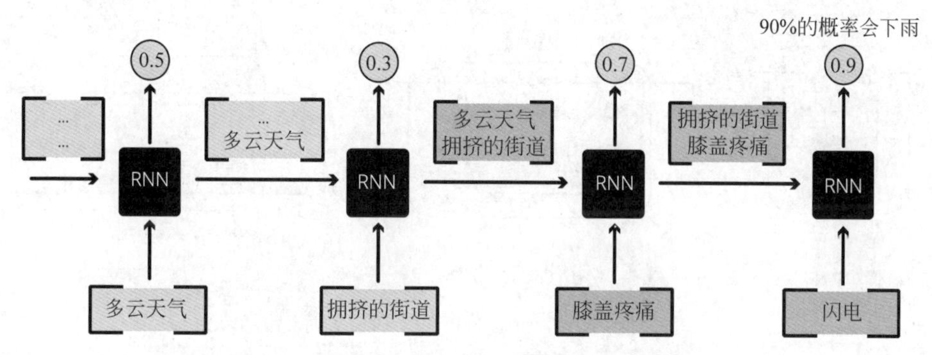

图 8-3 一个简单的天气预报任务：会下雨吗？

算出 50%(或 0.5)的降雨概率。然后得到以下输入：拥挤的街道。拥挤的街道意味着人们都在室外，这意味着降雨的可能性较小，因此，降雨概率的估计值下降到 30%(或 0.3)。然后，得到了更多的信息：膝盖疼痛。通常认为风湿病患者在下雨前会感到膝盖疼痛。因此，降雨概率的估计值上升到 70%(或 0.7)。最后，当模型收到闪电这个最新信息的时候，综合估计增加到 90%(或 0.9)。在每个时间间隔，模型中的神经元使用它的记忆(包含之前的信息)，并在这个记忆之上添加新的信息计算降雨的可能性。存储器结构既可以在网络层的级别设置，也可以在神经元的级别设置。图 8-4 所示为神经元级的 RNN 运作机制，图 8-4(a)为模型折叠的版本，图 8-4(b)模型展开的版本。

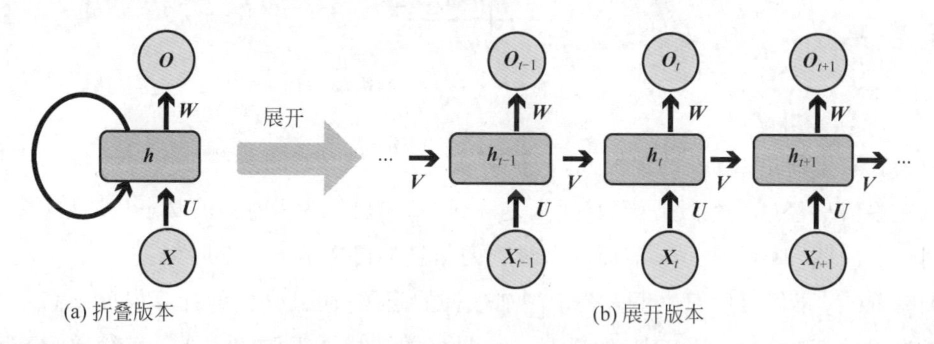

图 8-4 基于单元的循环神经网络活动

8.3.4 RNN 的类型

如前所述，RNN 有很多不同的变体。本节介绍简单 RNN、LSTM 网络和 GRU 这三种常用的 RNN 模型。图 8-5 给出了 3 种同类型 RNN 的神经元可视化表示。

如图 8-5 所示，这三种模型都具有如下共同的 RNN 特征：

(1) 都将 $t-1$ 状态(内存)作为历史值的表示代入计算；

(2) 都应用某种激活函数并进行矩阵运算；

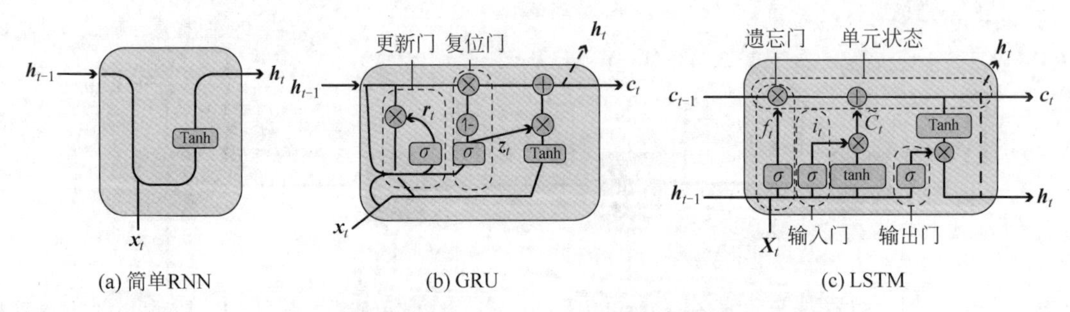

(a) 简单RNN (b) GRU (c) LSTM

图 8-5 简单 RNN、门控循环单元和长短时记忆单元

(3) 都计算了时刻 t 的当前状态、重复这个过程来完善其权重和偏置的计算。

下面仔细考察 3 种 RNN 模型。

1. 简单 RNN

简单 RNN 是由神经元节点组成的网络，它们被设计成相互连接的网络层。简单 RNN 神经元的内部结构如图 8-6 所示。

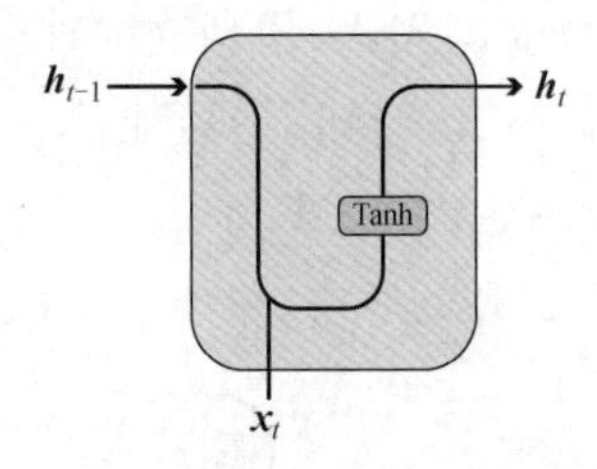

图 8-6 简单 RNN 神经元的内部结构

对于在一个简单 RNN 的神经元，它有两个输入：前一时间步骤($t-1$)的状态；当前 t 时刻的观察值。经过一个激活函数(通常是 Tanh)，输出作为 t 时刻的状态传递给下一个下一个时刻。因此，对于每一步，前面一个时刻的信息都传递给下一个时刻。

简单 RNN 不但可以解决很多关于序列数据的问题，而且它们的计算强度不高。因此，在资源有限的情况下，简单 RNN 可能是一个最好的选择。重要的是要了解简单 RNN。但是简单 RNN 容易遇到一些技术问题，如梯度消失问题。因此，通常倾向于使用更加复杂的 RNN 模型，如 LSTM 模型和 GRU 模型。

2. LSTM 模型

LSTM 是由 Hochreiter 和 Schmidhuber 在 1997 年发明的，旨在解决序列数据问题。这种模型在许多不同的应用中获得了很高性能。

LSTM 单元由单元状态、输入门、输出门和遗忘门组成，如图 8-7 所示。这 3 个门调节进出 LSTM 单元的信息流。此外，LSTM 单元还具有一个单元状态和一个隐藏状态。

LSTM 网络适用于任何格式的序列数据问题，并且不容易出现简单 RNN 网络中常见

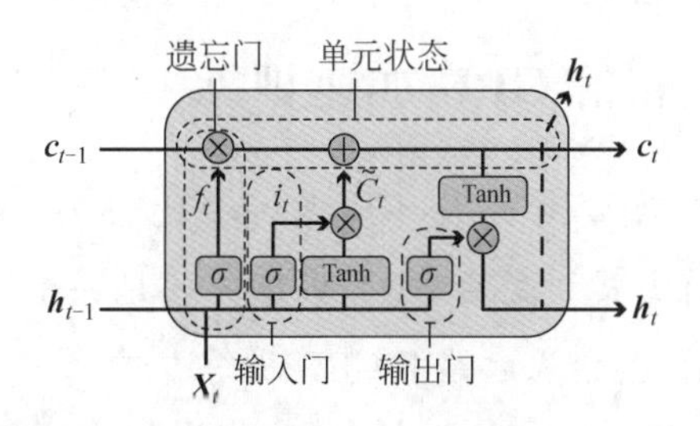

图 8-7 LSTM 单元结构

的梯度消失问题。不过,LSTM 网络可能还是会遇到梯度爆炸问题,即梯度值趋于无穷的问题。LSTM 网络的另一个缺点是计算量比较大。使用 LSTM 训练模型可能需要大量的处理时间和计算资源,因此人们尝试开发 GRU 模型。

3. GRU 模型

GRU 由 Kyunghyun Cho 在 2014 年提出。与 LSTM 一样,GRU 也是 RNN 中处理序列数据的门控机制。然而,为了简化计算过程,GRU 仅使用了两个门:复位门和更新门。GRU 还对隐藏状态和单元状态使用了相同的值。图 8-8 表示 GRU 的内部结构。

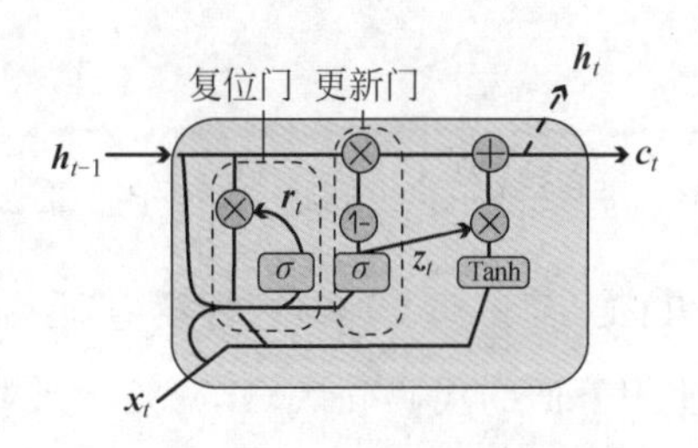

图 8-8 门控循环单元结构

在计算资源有限的情况下,GRU 比较有用。尽管在某些应用中,GRU 要优于 LSTM,但 LSTM 通常都会优于 GRU。在处理序列数据时,一个很好的策略是分别使用 LSTM 和 GRU 训练两个模型,并选择其中性能较好的那个模型,因为对于这两种可选的门控机制,它们的性能会根据实际情况发生变化。

8.4 案例研究:IMDB 影评的情绪分析

已经介绍了循环神经网络的概念部分,下面进行案例研究。一般来说,构建循环神经网络不需要记住简单 RNN、LSTM 和 GRU 的内部工作结构。使用 TensorFlow API 就可以非常容易地构建 RNN,并且可以很好地完成多个任务。本节将使用 IMDB 影评数据库进行关于情感分析的案例研究。本案例研究受到 TensorFlow 官方教程的启发,该教程名为"使用 RNN 进行文本分类"[6]。

8.4.1 为 Colab 准备 GPU 加速训练

在深入考察数据之前，需要对开发环境做一个比较关键的调整：在 Google Colab Notebook 中激活 GPU 训练方式。激活 GPU 训练方式是一个比较简单的任务，但是如果不对这种训练方式进行激活，就会永远处于 CPU 训练方式。

打开 Google Colab Notebook，选择 Runtime→Change Runtime type 菜单启用 GPU 加速器，如图 8-9 所示。

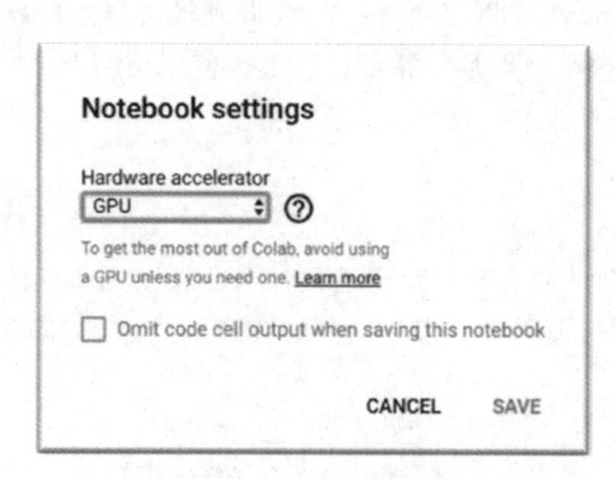

图 8-9 在 Google Colab 激活 GPU 加速

如前所述，使用 GPU 或 TPU（而不是 CPU）进行模型训练通常会提高训练速度。现在在模型中启用了 GPU，可以使用下面的代码确认 GPU 是否被激活用于模型训练：

```
import tensorflow as tf
print("Num GPUs Available: ", len(tf.config.experimental.list_physical_devices('GPU')))
Output: Num GPUs Available: 1
```

IMDB 影评数据集是 Andrew L. Maas 从流行的电影评级服务 IMDB[7] 收集和准备的一个大型电影评论数据集。IMDB 影评用于二元情感分类，无论评论是正面的还是负面的。IMDB 评论包含 2.5 万篇训练电影评论的样本和 2.5 万篇测试电影评论的样本。所有这 5 万条评论都做了标记，可以用于监督深度学习。此外，还有另外 50000 个未做标记的评论，这里不会使用这些评论。

幸运的是，TensorFlow 已经处理了原始的文本数据，并准备了一个词袋格式。当然，也可以直接访问原始文本。准备词袋是一项自然语言处理任务，将在接下来的第 9 章进行介绍。因此，本例很少使用自然语言处理技术。相反，这里使用的是经过处理的词袋格式的数据，这样就可以轻松地构建 RNN 模型预测影评是正面的还是负面的。

8.4.2 基于 TensorFlow 导入的数据集加载

从两个初始导入开始，分别是 TensorFlow 导入和 TensorFlow 数据集导入，进而加载数据：

```
import tensorflow as tf
import tensorflow_datasets as tfds
```

1. 从 TensorFlow 中加载数据集

TensorFlow 提供了几个流行的数据集，可以直接使用 tensorflow_datasets API 进行加载。tensorflow_datasets API 的 load()函数返回以下两个对象。

（1）一个包含 train、test 和 unlabelled 集合的字典。

（2）关于 IMDB 影评数据集的信息和其他有关对象。可以使用下列代码将它们保存为变量：

```
# Dataset is a dictionary containing train, test, and unlabeled datasets
# Info contains relevant information about the dataset
dataset, info = tfds.load('imdb_reviews/subwords8k',
                          with_info = True,
                          as_supervised = True)
```

2. 理解词袋的概念：文本编码与解码

词袋是描述单词在文档中出现情况的一种文本表示方式。这种表示是基于词汇表创建的。在这里的数据集中，使用 8185 个单词的词汇表对评论进行编码。可以通过前面创建的 info 对象访问编码器。

```
# Using info we can load the encoder which converts text to bag of words
encoder = info.features['text'].encoder
print('Vocabulary size: {}'.format(encoder.vocab_size))
output: Vocabulary size: 8185
```

通过使用这个编码器，可以对新的影评进行编码：

```
# You can also encode a brand new comment with encode function
review = 'Terrible Movie!.'
encoded_review = encoder.encode(review)
print('Encoded review is {}'.format(encoded_review))
output: Encoded review is [3585, 3194, 7785, 7962, 7975]
```

也可以使用下面的代码对编码后的影评进行解码：

```
# You can easily decode an encoded review with decode function
```

```
original_review = encoder.decode(encoded_review)
print('The original review is "{}"'.format(original_review))
output: The original review is "Terrible Movie!."
```

3. 准备数据集

现在已经将评论保存在 dataset 对象中，该对象是一个具有 3 个键的字典：train、test 和 unlabelled。通过这些键，可以使用下列代码将数据集分割成训练集和测试集：

```
# We can easily split our dataset dictionary with the relevant keys
train_dataset, test_dataset = dataset['train'], dataset['test']
```

还需要调整数据集，以避免发生任何偏见，并对影评进行填充使得所有的影评的长度都相同。需要选择一个较大的缓冲区，以便有一个混合良好的训练数据集。此外，为了避免过多的计算负担，这里将序列长度限制为 64。

```
BUFFER_SIZE = 10000
BATCH_SIZE = 64
train_dataset = train_dataset.shuffle(BUFFER_SIZE)
train_dataset = train_dataset.padded_batch(BATCH_SIZE)
test_dataset = test_dataset.padded_batch(BATCH_SIZE)
```

4. 填充

填充是一种有用方法，可以将序列数据编码成连续的批次。为了能够适合所有序列的长度，必须在数据集中填充或截断某些序列。

8.4.3 构建循环神经网络

训练数据集和测试数据集现在已经准备好了，下面使用 LSTM 单元构建 RNN 模型。

1. 构建模型的导入

可以使用 Keras 序列 API 来构建模型。这里需要稠密层、嵌入层、双向层、LSTM 层和 Dropout 层来构建 RNN 模型。因为这里使用二元分类来预测评论是正面还是负面，所以还需要导入二元交叉熵作为损失函数。最后，需要使用 Adam 优化器对模型的权重进行反向传播优化。可以通过下列代码行导入这些组件：

```
from tensorflow.keras.models import Sequential
from tensorflow.keras.layers import (Dense,
                                     Embedding,
                                     Bidirectional,
                                     Dropout,
                                     LSTM)
from tensorflow.keras.losses import BinaryCrossentropy
from tensorflow.keras.optimizers import Adam
```

2. 创建模型并配置网络层

这里使用一个编码层、两个包裹在双向层中的 LSTM 层、两个稠密层和一个 Dropout 层。从嵌入层开始，模型将单词索引序列转换为向量序列。

嵌入层为每个单词存储一个向量。然后，添加两个包裹在双向层中的 LSTM 层。双向层通过 LSTM 层回传输入，然后连接输出，这个过程对于了解远程依赖关系很有用。然后，增加了一个包含 64 个神经元的稠密层增加复杂性，一个 Dropout 层对抗过度拟合。最后，添加一个最终的稠密层完成二元分类预测。可以使用下列代码创建一个序列模型，并添加上述的网络层：

```
model = Sequential([
Embedding(encoder.vocab_size, 64),
Bidirectional(LSTM(64, return_sequences = True)),
Bidirectional(LSTM(32)),
Dense(64, activation = 'relu'),
Dropout(0.5),
Dense(1)
])
```

如图 8-10 所示，还可以通过 model.summary()函数查看模型概述。

```
Model: "sequential"
_________________________________________________________________
Layer (type)                 Output Shape              Param #
=================================================================
embedding (Embedding)        (None, None, 64)          523840
_________________________________________________________________
bidirectional (Bidirectional (None, None, 128)         66048
_________________________________________________________________
bidirectional_1 (Bidirection (None, 64)                41216
_________________________________________________________________
dense (Dense)                (None, 64)                4160
_________________________________________________________________
dropout (Dropout)            (None, 64)                0
_________________________________________________________________
dense_1 (Dense)              (None, 1)                 65
=================================================================
Total params: 635,329
Trainable params: 635,329
Non-trainable params: 0
_________________________________________________________________
```

图 8-10 RNN 模型的概述

还可以使用下列代码创建如图 8-11 所示的 RNN 模型流程图：

```
tf.keras.utils.plot_model(model)
```

3. 模型的编译与适配

在构建了一个空模型后，可以用下列代码配置损失函数、优化器和性能指标：

```
model.compile(
loss = BinaryCrossentropy(from_logits = True),
```

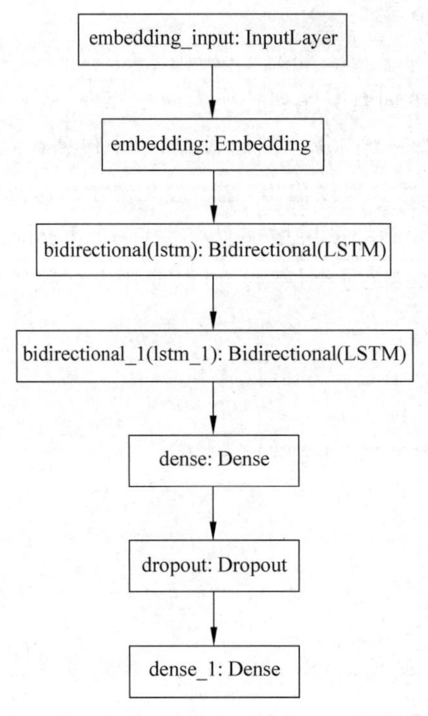

图 8-11　RNN 模型流程图

```
optimizer = Adam(1e-4),
metrics = ['accuracy'])
```

在为模型训练做好了关于数据和模型的准备工作后，就可以使用 model. fit()函数进行模型训练。对于情绪分析模型训练而言，大约 10 个历元就足够了，可能需要大约 30 分钟。另外，还需要将训练过程保存为变量，这样就可以访问模型在一段时间内的性能数据。

```
history = model.fit(train_dataset, epochs = 10,
                    validation_data = test_dataset,
                    validation_steps = 30)
```

图 8-12 表示模型在各个历元的主要性能指标。

4. 模型评价

在看到大约 85%的准确度性能后，就可以继续对模型进行评估。这里使用参数 test_dataset 计算最终的损失和模型准确率：

```
test_loss, test_acc = model.evaluate(test_dataset)
print('Test Loss: {}'.format(test_loss))
print('Test Accuracy: {}'.format(test_acc))
```

运行上述代码后，可得到如图 8-13 所示的输出。

```
Epoch 1/10
391/391 [==============================] - 238s 608ms/step - loss: 0.6582 - accuracy: 0.5545 - val_loss: 0.5013 - val_accuracy: 0.7568
Epoch 2/10
391/391 [==============================] - 237s 607ms/step - loss: 0.3752 - accuracy: 0.8450 - val_loss: 0.3624 - val_accuracy: 0.8510
Epoch 3/10
391/391 [==============================] - 236s 603ms/step - loss: 0.2653 - accuracy: 0.9037 - val_loss: 0.3619 - val_accuracy: 0.8479
Epoch 4/10
391/391 [==============================] - 236s 604ms/step - loss: 0.2185 - accuracy: 0.9260 - val_loss: 0.3627 - val_accuracy: 0.8562
Epoch 5/10
391/391 [==============================] - 236s 603ms/step - loss: 0.1852 - accuracy: 0.9400 - val_loss: 0.3955 - val_accuracy: 0.8516
Epoch 6/10
391/391 [==============================] - 235s 602ms/step - loss: 0.1542 - accuracy: 0.9541 - val_loss: 0.4103 - val_accuracy: 0.8630
Epoch 7/10
391/391 [==============================] - 236s 603ms/step - loss: 0.1307 - accuracy: 0.9618 - val_loss: 0.4841 - val_accuracy: 0.8490
Epoch 8/10
391/391 [==============================] - 237s 606ms/step - loss: 0.1260 - accuracy: 0.9621 - val_loss: 0.4424 - val_accuracy: 0.8458
Epoch 9/10
391/391 [==============================] - 237s 605ms/step - loss: 0.1004 - accuracy: 0.9735 - val_loss: 0.5077 - val_accuracy: 0.8562
Epoch 10/10
391/391 [==============================] - 235s 602ms/step - loss: 0.0933 - accuracy: 0.9759 - val_loss: 0.5068 - val_accuracy: 0.8469
```

图 8-12 各历元的模型训练性能

```
391/391 [==============================] - 94s 240ms/step - loss: 0.3392 - accuracy: 0.8648
Test Loss: 0.3391561210155487
Test Accuracy: 0.8647599816322327
```

图 8-13 对已训练后模型的评价

此外，还可以使用 history 对象绘制随时间变化的模型性能指标，代码如下：

```
import matplotlib.pyplot as plt
def plot_graphs(history, metric):
plt.plot(history.history[metric])
plt.plot(history.history['val_'+metric], '')
plt.xlabel("Epochs")
plt.ylabel(metric)
plt.legend([metric, 'val_'+metric])
plt.show()
plot_graphs(history, 'accuracy')
```

输出结果如图 8-14 所示。

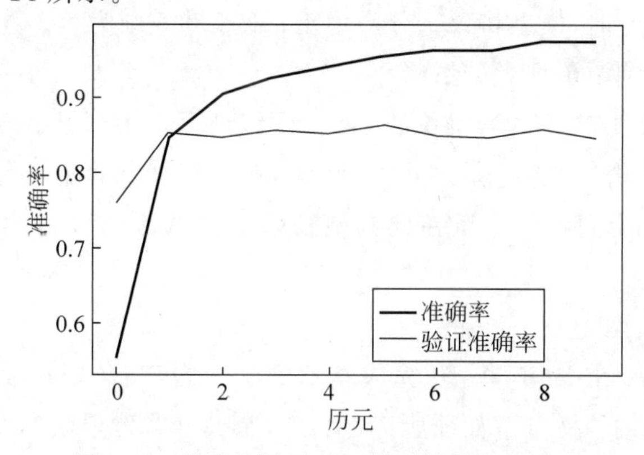

图 8-14 情感分析 LSTM 模型的精度和历元

5. 做出新的预测

在完成了对 RNN 模型的训练后，可以使用模型对从未见过的影评做出新的情绪预测。由于前面对训练集和测试集进行了编码和封装，必须使用同样的方式处理新的影评，因此，需要使用填充器和编码器。可以使用下面的代码自定义填充函数：

```
def review_padding(encoded_review, padding_size):
zeros = [0] * (padding_size - len(encoded_review))
encoded_review.extend(zeros)
return encoded_review
```

还需要使用编码器函数对数据进行编码、处理和测试，并将其输入训练模型中。可以使用下面的函数完成这些任务：

```
def review_encoder(review):
encoded_review = review_padding(encoder.encode( review ),64)
encoded_review = tf.cast( encoded_review, tf.float32)
return tf.expand_dims( encoded_review, 0)
```

现在可以轻易地使用模型对以前未见过的影评做出预测。为了完成这个任务，可以访问电影《搏击俱乐部》的 IMDB 影评页面，并选择下列评论：

```
fight_club_review = 'It has some cliched moments, even for its time, but FIGHT CLUB is an awesome film. I have watched it about 100 times in the past 20 years. It never gets old. It is hard to discuss this film without giving things away but suffice it to say, it is a great thriller with some intriguing twists.'
```

有评论者给电影打了 8 颗星，并为《搏击俱乐部》写了这篇评论。显然这是一个积极的评论。使用前述自定义函数，可以轻易地做出如下新的预测：

```
model.predict(review_encoder(fight_club_review))
output: array([[1.5780725]], dtype = float32)
```

当输出值大于 0.5 时，模型将评论分类为正；低于 0.5 则为负。这里的输出是 1.57，可以确认模型成功地预测了影评者的情绪。

虽然此模型有超过 85%的准确率，但需要认识到存在关于评论数据长度的偏差。对于一个非常简短的评论，无论它是多么积极，总是得到一个消极的结果。此时可以通过对模型的微调解决这个问题。可以在此模型基础上自由地进行微调，以实现对模型的进一步改进。

6. 保存并加载模型

在成功地训练了一个 RNN 模型，完成本章的学习内容后，现在需要讨论另一个问题：如何保存和加载训练过的模型。如前所述，训练这个模型花费了大约 30 分钟的时间，然而，Google Colab 如果在一段时间内没有工作，将会删除之前所做的一切并释放资源，因此，必须保存训练过的模型供以后使用。此外，不能简单地将其保存到 Google Colab 目录中，因为它在一段时间之后也会被删除。解决方案是将它保存到 Google Drive。为了任何时候都能够在 Google Drive 上使用模型，可以采用以下步骤。

（1）让 Google Colab 可以访问并保存文件到 Google Drive。为了使得 Colab 能访问 Google Drive，需要在 Google Colab Notebook 中运行以下代码：

```
from google.colab import drive
drive.mount('/content/gdrive')
```

（2）将训练好的模型保存到指定的路径。现在可以从 Colab Notebook 访问 Google Drive 文件，并创建一个名为 saved_model 的新文件夹，使用下列代码行将 SavedModel 对象保存到该文件夹中：

```
# This will create a 'saved_model' folder under the 'content' folder.
!mkdir -p "/content/gdrive/My Drive/saved_model"
# This will save the full model with its variables, weights,and biases.
model.save('/content/gdrive/My Drive/saved_model/sentiment_analysis')
# Also save the encoder for later use
encoder.save_to_file('/content/gdrive/My Drive/saved_model/sa_vocab')
```

在运行这段代码之后，只要将保存的文件存储在 Google Drive 中，就可以加载训练过的模型。也可以使用以下代码查看 sentiment_analysis 文件夹中的文件夹和文件：

```
import os
os.listdir("/content/gdrive/My Drive/saved_model/sentiment_analysis")
output: ['variables', 'assets', 'saved_model.pb']
```

（3）随时从 Google Drive 加载训练模型。为了能够加载 saved_model，可以使用 saved_model 对象的 load 属性。只需要传递模型所在的具体路径（确保 Google Colab 能够访问 Google Drive），一旦运行下列代码，模型就可以使用了：

```
import tensorflow as tf
loaded = tf.keras.models.load_model("/content/gdrive/My Drive/
saved_model/sentiment_analysis/")
```

加载之前保存的词汇表，使用下面的代码进行编码和解码：

```
import tensorflow_datasets as tfds
vocab_path = '/content/gdrive/My Drive/saved_model/sa_vocab'
encoder = tfds.features.text.SubwordTextEncoder.load_from_
file(vocab_path)
```

另外，在重新启动运行时，要确保在运行的单元格中再次定义了 review_padding() 和

review_encoder()函数。

(4) 使用SavedModel对象进行预测。这里加载的模型对象与前面的模型完全相同,并且它具有标准的模型函数,如fit()、evaluate()和predict()。为了能够进行预测,需要使用已加载模型对象的predict()函数。还需要将处理过的评论数据作为embeddding_input参数进行传递。下面的代码将完成这些任务:

```
fight_club_review = 'It has some cliched moments, even for its time, but FIGHT CLUB is an awesome film. I have watched it about 100 times in the past 20 years. It never gets old. It is hard to discuss this film without giving things away but suffice it to say, it is a great thriller with some intriguing twists.'
   loaded.predict(review_encoder(rev))
   output: array([[1.5780725]], dtype = float32)
```

正如所料,这里得到了相同的输出,即成功地保存了模型,并加载了这个模型,进行了预测。现在可以把这个训练过的模型嵌入到一个Web应用程序REST API或移动应用程序,以服务全世界。

8.5 小结

本章讨论了循环神经网络,一种专门用来处理顺序数据的人工神经网络模型。首先介绍了RNN的基本知识和不同类型的RNN(简单RNN、LSTM、GRU)。然后,使用IMDB评论数据集进行了一个案例研究。RNN使用超过50000条评论预测一条评论是正面的还是负面的(即情感分析)。

第9章将讨论自然语言处理,这是人工智能关于文本数据处理的一个分支领域。此外,还将在第9章构建一个用于生成文本数据的RNN模型。

第9章 自然语言处理

自然语言处理(Natural Language Processing, NLP)是一个跨学科的分支领域,涉及语言学、计算机科学和人工智能等多个研究领域,主要研究人与计算机之间的交互作用,研究范围涵盖了从人类语言的理解与生成到大量自然语言数据的处理和分析,包括文本、语言、认知及其交互作用。本章简要介绍NLP的历史,讨论规则自然语言处理与统计自然语言处理之间的区别,以及若干主要的NLP方法和技术。最后,详细介绍一个关于NLP的应用案例,为解决相关的实际问题做好准备。

9.1 NLP的历史

NLP的历史可以分为如下4个主要时期:思想萌发时期、基于规则的NLP时期、基于统计与监督学习NLP时期、基于无监督与半监督学习NLP时期。

值得注意的是,这些时期是互补而不是分离的。因此,有时候仍然会使用早期引进的规则和方法。

1. 思想萌发时期

自然语言处理的历史始于17世纪,莱布尼茨(Leibniz)和笛卡儿(Descartes)就曾经提出引入特殊代码来连接不同语言之间单词的哲学建议。尽管这些建议停留在理论方面,但它们影响了未来几个世纪的科学家,让他们产生实现机器自动翻译的想法。

2. 基于规则的NLP时期

这个时代的共同特点是大量使用复杂的手写规则来覆盖NLP任务的潜在结果。与NLP相关的早期创新最早出现在20世纪30年代的“翻译机器”专利中。这些早期专利包括自动双语词典和处理不同语言语法规则之间差异的方法。

在第二次世界大战期间,开发了用于翻译敌方防线间通信的机器翻译设备,然而,这些机器大多不太成功。

就像人工智能的其他领域一样,图灵测试在1950年设定了智能的标准,其中包括关于理解自然语言的对话。

1957 年,诺姆·乔姆斯基(Noam Chomsky)推出了基于规则的系统,即句法结构(Syntax Structures),这个系统为语言学研究带来了革命性的普遍语法规则。

1954 年,在乔治敦大学的实验中,有 60 个俄语句子被自动翻译成英语。这个实验的成功鼓励了开发者,并宣称这两种语言之间的机器翻译将在 3～5 年内完成。然而这种积极的方法与人工智能其他子领域一致,大多数乐观的承诺都未能得到实现。因此,在人工智能冬季来临的 20 世纪 60 年代末、70 年代初,很多用于 NLP 的研究经费被削减了。

尽管资金有限,在 20 世纪 60 年代,一些研究人员还是在有限的环境下开发出比较成功的 NLP 系统。20 世纪 70 年代是许多程序员开始编写"概念本体论"的年代,本体将现实世界的对象进行结构化、分组和排序,使其转化为二进制数据。

3. 统计 NLP 与监督学习时期

20 世纪 80 年代前后,计算能力的稳步提高和语料库语言学的普及使得机器学习方法优先用于对语言信息的处理,统计模型在自然语言处理中的使用成为可能。虽然早期的统计 NLP 研究与基于规则的 NLP 研究差别不大,但随着更复杂方法的引入,统计 NLP 变得更具有概率性。这种从基于规则的模型到统计模型的转变提高了精度性能,特别适用于不寻常的观测数据。

在这个时期,IBM Research 率先开发了几个成功的 NLP 解决方案,其中就包括 IBM Watson。此外,欧盟、联合国和加拿大议会制作的多语种官方文件也为机器翻译系统的成功研发做出了贡献。

另外,可以对这些大型文本语料库进行有限访问的少数参与者,则一直专注于开发利用有限数据进行有效学习的方法。

4. 无监督与半监督 NLP 时期

时至今日,自然语言处理问题在现实世界中的应用越来越成功。然而,找到足够的标签数据是现代自然语言处理研究的主要问题之一,因此,对于常见的 NLP 任务,使用无监督学习和半监督学习算法进行学习变得越来越流行。一般来说,使用无监督学习算法进行预测的准确度要低于使用监督学习算法进行预测的准确度。然而,使用无监督学习模型,研究人员可以从庞大数量的数据中推断出结果,这对发现更复杂的模式非常有用。

9.2 NLP 的实际应用

随着机器学习领域的发展,NLP 在现实世界中的应用越来越多。随着计算能力的提高,可以使用大规模的机器学习模型和大量文本语料库,每天都有新的 NLP 应用案例被开发出来。最受欢迎的 NLP 应用如下。

(1) **机器翻译**:将文本从一种语言翻译成另一种语言(例如,Google 翻译)。

(2) **语音识别**:识别人的声音并采取行动或将其转换成文本。

(3) **情绪分析**：理解一篇文章(如评论)中的情感。

(4) **问答系统**：开发能够准确回答给定问题的系统(如 Siri)。

(5) **自动摘要**：从全文中得出简短摘要而又不失要点。

(6) **聊天机器人**：开发能够执行多种 NLP 任务(如回答问题、语音识别等)的特殊系统。

(7) **市场情报**：利用几种 NLP 和其他统计方法分析客户行为。

(8) **文本分类**：通过分析文本的内容、结构和其他相关特征将文本分类到指定类别。

(9) **光学字符识别(OCR)**：利用计算机视觉和图像处理方法分析图像数据并将其转换为文本。

(10) **拼写检查**：发现并改正文本中拼写错误(如语法方面)。

开发上述实际应用程序，必须使用下面介绍的几种 NLP 方法。

9.3 主要评估、技术、方法和任务

对 NLP 的处理主要包括如下几种类型的子任务：形态句法学、语义学、语篇、语音、对话、认知。

9.3.1 形态句法学

形态句法是研究基于形态和句法属性而形成语法范畴和语言单位的规则。在自然语言处理领域，形态句法的基本任务主要如下。

(1) 基本形式提取：有两种常用的方法用于提取单词的基本形式。第一种是**词法化**，删除单词不重要的结尾，并通过使用某个实际的字典返回其基本字典形式(例如，删除-ing 后缀将 swimming 转换为 swim)；第二种是**词根词干**，把词根变化或派生词减少到词根的方法。词根词干虽然与词法化比较相似，但词根词干生成的词根不一定是一个真实的单词(例如：trouble、trouble、troubled 可能会生成的词干为 troubl)。

(2) **语法归纳**：生成描述语言范围的形式语法。

(3) **形态学分割**：将单词分割成最小的有意义的单位(即语素)，并识别这些单位的类别。

(4) **词性(Part of Speech，POS)标记**：确定每个单词的词性类型。常见的词类有名词、动词、形容词、副词、代词、介词、连词、感叹词、数词、冠词或限定词。

(5) **解析**：确定给定字符串(如句子)的解析树。解析树是一棵有序根树，用于表示字符串的语法结构。

(6) **断句**：找到句子的边界。一些标点符号(如句号或感叹号)在此任务中很有用。

(7) **分词**：将给定的文本分成不同的单词。这个过程通常用于创建词袋(Bag of Word，BOW)和将文本进行向量化表示。

(8) **术语抽取**：从给定语料库中抽取相关术语。

9.3.2 语义学

语义学是涉及意义的语言学和逻辑学的交叉学科。逻辑语义学关注的是意义、指称和暗示，而词汇语义学关注的是对词义及其之间关系的分析。与语义相关的主要问题、方法和任务如下。

(1) **机器翻译**：如前所述，将文本从一种人类语言自动翻译成另一种语言。

(2) **命名实体识别(Named Entity Recognition，NER)**：查找给定字符串中的人名和地名。虽然大写对 NER 很有用，但还需要做一些更多的工作。

(3) **自然语言生成**：使用词的表示形式和统计模型生成自然语言文本。

(4) **光学字符识别(Optical Character Recognition，OCR)**：如前所述，从包含印刷文本的图像中识别出文本数据。

(5) **问答系统**：用自然语言提出问题，并提供答案。

(6) **识别文本蕴涵**：识别文本片段之间的方向关系，比严格的逻辑蕴涵更轻松。例如，下面是两个字符串之间的肯定文本蕴含，**文本**：如果你努力工作，你会成功的。**假设**：努力工作会带来好的结果。

(7) **关系提取**：从给定文本中确定实际存在的关系(例如，人员 a 为 X 公司工作)。

(8) **情绪分析**：从一组文档中提取主观信息(即情绪)。

(9) **主题分割和识别**：将一组文档或文本分类为单独的主题。在某些情况下主题边界可能很明显，但多数主题分割通常需要进行多次的评估。

(10) **词义歧义消除**：根据上下文确定多义词的具体含义。

9.3.3 语篇

语篇相关任务包括以下几种

(1) **自动摘要**：生成可读的大文本摘要。

(2) **参考解析**：确定哪些词指代相同的对象，包括名词和代词。当一个文本中的多个表达式引用同一个对象时，就会发生共引用。

(3) **语篇分析**：研究书面语或口语与社会语境的关系，目的是了解语言如何在现实生活中使用。

9.3.4 语音

语音相关任务包括以下几种。

(1) **语音识别**：将一个人说话的特定声音片段转换为文本。

(2) **语音切分**：语音识别的一项子任务，将已识别的文本分割成单词。

(3) **文本转换语音**：将给定的文本转换为其音频的表示形式。

9.3.5 对话

对话是指发起并继续与人或机器进行有意义的书面或口头会话交流。对话需要同时完成多个任务，如回答问题、文本到语音、语音识别、情感分析等。

9.3.6 认知

通过思想、经验和感觉获得知识和理解。认知被认为是 NLP 领域最复杂的评价，通常被称为自然语言理解(Natural Language Understanding，NLU)。

9.4 自然语言工具包

自然语言工具包(Natural Language Too Kit，NLTK)是为 NLP 任务指定的基本 Python 库。NLTK 支持基本的 NLP 任务，如文本分类、词干分析和语法化、标记、解析、标记甚至推理等。

NLTK 由宾夕法尼亚大学的 Steven Bird 和 Edward Loper 开发，是 Python 的主要 NLP 程序库。尽管可以使用 Pandas、scikit-learn、TensorFlow 和 NumPy 等数据科学库，但这些库中可用的方法无法与 NLTK 提供的方法相比。

可用的 NLTK 模块如图 9-1 所示。

app	parse
ccg	probability
chat	sem
chunk	sentiment
classify	stem
cluster	tag
collections	tbl
corpus	test
data	text
downloader	tokenize
draw	toolbox
featstruct	translate
grammar	tree
help	treetransform
inference	twitter
lm	util
metrics	wsd
misc	

图 9-1 可用的 NLTK 模式

NLTK 的：

```
pip install -- user - U nltk
```

导入首选别名：

```
import nltk
```

9.5 案例研究：深度 NLP 的文本生成

需要注意的是，NLP 主题本身就是一个比较专业领域。有些人可能会花一辈子的时间来研究 NLP，所以本章只做了一个简单的介绍。前面已经讨论了 NLP 中的主要主题，下面继续本章的案例研究：使用深度 NLP 生成文本。

NLP 项目中最重要的课题之一是文本向量化表示。这个案例参考 Andrej Karpathy 的博客文章 *The Unreasonable Effectiveness of Recurrent Neural Networks*[8]，以及 TensorFlow 团队对这篇文章的看法[9]。

研究表明，循环神经网络是处理 NLP 任务最有效的人工神经网络之一的是。RNN 广泛应用于机器翻译、文本生成和图像标注等 NLP 任务。在 NLP 任务中，开发人员通常使用 NLP 工具和方法将文本数据处理成向量表示形式，然后将其输入到选定的人工神经网络（如 RNN、CNN 甚至前馈神经网络）中完成任务。这里的案例也遵循这两个标准化的步骤：将文本加工成向量；使用这些向量训练神经网络。

9.5.1 案例实现目标

本案例的目标是训练一个能够使用字符生成有意义文本的 RNN 模型，既可以从单词生成文本，也可以从字符生成文本，这里选择使用字符生成文本。使用没有经过训练的 RNN 构建的新文本可能只是堆砌了一堆毫无意义的字符，并没有任何意义。如果向 RNN 输入大量的文本数据，RNN 模型就会开始模仿这些文本的风格，并使用字符生成有意义的文本。如果给模型输入大量的教学文本，模型就会生成关于教育的材料。如果给模型输入大量的诗歌，模型就开始生成诗歌，最终可能会产生一个人工智能诗人。可提供的语料库数据集很多，本案例中提供的是：一个包含莎士比亚作品的长文本数据集。因此，这里将创造一个人工智能莎士比亚。

9.5.2 莎士比亚语料库

莎士比亚语料库是一个包含 4 万行莎士比亚作品的文本文件，由卡帕西（Karpath）整理和准备，TensorFlow 团队也给出了相关的支持。

强烈建议阅读 TensorFlow 团队给出的 txt 文件，以便理解正在处理的文本。该文件包含对话内容，而且每个角色的名字放在对应部分的前面，如图 9-2 所示。

```
KATHARINA:
So may you lose your arms:
If you strike me, you are no gentleman;
And if no gentleman, why then no arms.

PETRUCHIO:
A herald, Kate? O, put me in thy books!

KATHARINA:
What is your crest? a coxcomb?

PETRUCHIO:
A combless cock, so Kate will be my hen.

KATHARINA:
No cock of mine; you crow too like a craven.

PETRUCHIO:
Nay, come, Kate, come; you must not look so sour.
```

图 9-2　莎士比亚语料库部分内容

9.5.3　初始导入

这个案例开发需要的库是 TensorFlow、NumPy 和 os，可用以下代码导入：

```
import tensorflow as tf
import numpy as np
import os
```

注意，这里没有提到 NLTK 库，原因是 TensorFlow 已经为 NLP 任务提供了有限的支持。对于这个案例开发，由于这里的语料库非常标准和干净，基于 NumPy 操作就能够使用 TensorFlow 向量化数据集。如果需要实现更复杂的 NLP 方法，在很大程度上还需要 NLTK、Pandas 和 NumPy 库。

9.5.4　加载语料库

如果需要从在线目录中加载数据集，可以使用 TensorFlow 中 Keras API 的 util 模块。这个任务将使用 get_ file()函数，它从一个 URL(如果它不在缓存中)下载文件，使用以下代码实现：

```
path_to_file = tf.keras.utils.get_file('shakespeare.txt',
'https://storage.googleapis.com/download.tensorflow.org/data/shakespeare.txt')
```

下载完文件后，就可以使用下列 Python 代码从缓存中打开文件：

```
text = open(path_to_file, 'rb').read()
text = text.decode(encoding = 'utf - 8')
```

在已经成功地将整个语料库作为变量保存在 Google Colab Notebook 的内存中后，使用下列代码考察语料库中有多少个字符，前 100 个字符是什么：

```
print ('Total number of characters in the corpus is:',len(text))
print('The first 100 characters of the corpus are as follows:\n', text[:100])
Output:
Total number of characters in the corpus is: 1115394
The first 100 characters of the corpus are as follows:
First Citizen:
Before we proceed any further, hear me speak.
All:
Speak, speak.
First Citizen:
You
```

完成以上步骤后，再通过一个名为 text 的 Python 变量访问整个语料库，然后对文本进行向量化处理。

9.5.5 文本向量化

文本向量化是一种基本的自然语言处理方法，目标是将文本数据转换为机器能够理解和处理的有意义的数字向量形式。文本向量化有多种方法。本案例使用如下方式逐步实现对文本信息的向量化表示：

(1) 给每个唯一的字符分配一个索引号。

(2) 在语料库中运行 for 循环，并索引整个文本中的每个字符。

要为每个字符分配唯一的索引号，首先必须创建一个仅包含文本中所有出现字符的列表副本。一般使用内置的 set()函数完成这个任务，set()函数可以将 list 对象转换为只有唯一值的 set 对象。

set 对象和 list 对象的数据结构区别为：list 对象是有序的，允许重复的元素；而 set 对象是无序的，不允许存在重复的元素。因此，当运行 set()函数时，可以从文本文件中返回一组不重复的字符，具体代码如下：

```
vocab = sorted(set(text))
print ('The number of unique characters in the corpus is',len(vocab))
print('A slice of the unique characters set:\n', vocab[:10])
Output:
The number of unique characters in the corpus is 65
A slice of the unique characters set:
['\n', ' ', '!', '$', '&', "'", ',', '-', '.', '3']
```

还需要给每个字符分配一个索引号。使用下面的代码可以为每个集合元素分配一个数字，并创建关于给定数字元素的字典：

```
char2idx = {u: i for i, u in enumerate(vocab)}
```

使用 NumPy 数组格式复制 set 中的元素，供后面解码预测时使用：

```
idx2char = np.array(vocab)
```

现在，可以通过一个简单的 for 循环将文本数据进行向量化表示，遍历文本中的每个字符，为它们分配相应的索引值，并将所有索引值保存为一个新列表，具体代码如下：

```
text_as_int = np.array([char2idx[c] for c in text])
```

9.5.6 创建数据集

利用 char2idx 字典用于对文本进行向量化表示，并利用 idx2char 字典用于反向量化（即解码）已向量化的文本，就可以将 text_as_int 表示为向量化的 NumPy 数组，并创建数据集了。

首先，使用 Dataset 模块的 from_tensor_slices 方法从 text_as_int 对象中创建一个 TensorFlow Dataset 对象，并将它们进行分批。每个数据集输入的长度限制为 100 个字符。可以使用下列代码实现：

```
char_dataset = tf.data.Dataset.from_tensor_slices(text_as_int)
seq_length = 100 # The max. length for single input
sequences = char_dataset.batch(seq_length + 1, drop_remainder = True)
```

序列对象包含的是字符序列，但必须创建关于这些序列的数组，以便将它们输入到 RNN 模型中。可以通过下列自定义映射函数完成这个任务：

```
def split_input_target(chunk):
input_text = chunk[: - 1]
target_text = chunk[1:]
return input_text, target_text
dataset = sequences.map(split_input_target)
```

生成这些数组的原因是为了让创建的 RNN 模型能够按如图 9-3 所示的流程进行工作，这是一个具有四维输入输出层的 RNN 实例，注意输入和输出字符之间的延迟。

最后，使用下列代码调整数据集，并将其分割为 64 个语句批：

```
BUFFER_SIZE = 10000 # TF shuffles the data only within buffers
BATCH_SIZE = 64 # Batch size
dataset = dataset.shuffle(BUFFER_SIZE).batch(BATCH_SIZE, drop_remainder = True)
print(dataset)
```

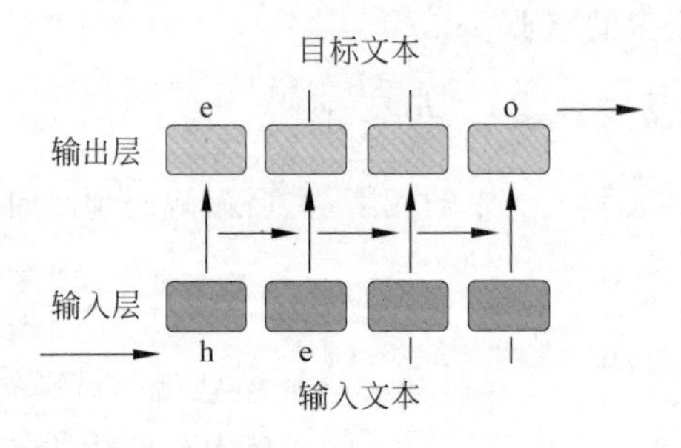

图 9-3 RNN 实例

```
Output:
<BatchDataset shapes: ((64, 100), (64, 100)), types: (tf.int64,
tf.int64)
```

9.5.7 模型构建

准备好输入到模型处理流程中的数据后，就可以完成对模型的构建。任务的目标是实现对模型的训练，并使用模型做出新的预测。训练流程将为每批数据提供 64 个句子，因此，需要以每次接受 64 个输入句子的方式构建模型。在模型训练完成后，希望对模型输入单个句子完成新的预测任务。因此，需要对训练前和训练后的模型设定不同批量的输入数据。为了实现这一点，需要创建一个函数，允许针对不同的批大小进行模型复制。下面的代码可以实现上述功能：

```
def build_model(vocab_size, embedding_dim, rnn_units, batch_size):
model = tf.keras.Sequential([
tf.keras.layers.Embedding(
      vocab_size,
      embedding_dim,
      batch_input_shape = [batch_size, None]),
tf.keras.layers.GRU(
      rnn_units,
      return_sequences = True,
      stateful = True,
      recurrent_initializer = 'glorot_uniform'),
tf.keras.layers.Dense(vocab_size)
])
return model
```

这里的模型有 3 层。

(1) **嵌入层**：该层作为输入层，接受输入值(数字格式)并将其转换为向量。

(2) **GRU 层**：一个包含 1024 个梯度下降单元的 RNN 层。

（3）**稠密层**：使用 vocab_size 对象输出结果。

使用下列代码创建并训练模型：

```
model = build_model(
vocab_size = len(vocab), # no. of unique characters
embedding_dim = embedding_dim, # 256
rnn_units = rnn_units, # 1024
batch_size = BATCH_SIZE) # 64 for the training
```

模型的摘要如图 9-4 所示，注意这里的输出形状为 64，已训练模型的独立预测的输出形状必须为 1。

```
Model: "sequential"
_________________________________________________________________
Layer (type)                 Output Shape              Param #
=================================================================
embedding (Embedding)        (64, None, 256)           16640
_________________________________________________________________
gru (GRU)                    (64, None, 1024)          3938304
_________________________________________________________________
dense (Dense)                (64, None, 65)            66625
=================================================================
Total params: 4,021,569
Trainable params: 4,021,569
Non-trainable params: 0
_________________________________________________________________
```

图 9-4 模型摘要

9.5.8 编译并训练模型

为了实现对模型的编译，还需要配置优化器和损失函数。在这个任务中，选择 Adam 作为优化器，稀疏分类交叉熵函数作为损失函数。

输出就是 64 个字符中的一个，因此这是一个多元分类问题，必须选择一种适用于分类的交叉熵函数。此案例选择分类交叉熵的一种变体：稀疏分类交叉熵（sparse categorical crossentropy）作为损失函数。即使使用相同的损失函数，对不同的应用，它们的输出格式也是不同的。此案例中需要将文本向量化为整数（例如，[0]，[2]，[1]），而不是一种一次性编码格式（例如，[0,0,0]，[0,1,]，[1,0,0]），所以为了能够输出整数，选择使用稀疏分类交叉熵函数。

为了能够设置自定义损失函数，这里创建一个稀疏分类交叉熵损失的基本 Python 函数：

```
def loss(labels, logits):
return tf.keras.losses.sparse_categorical_crossentropy(labels, logits, from_logits = True)
```

同时，使用下列代码设置损失函数和优化器：

```
model.compile(optimizer = 'adam', loss = loss)
```

为了能够加载权重和保存模型训练性能数据，还需要设置和配置检查点目录，相关代码如下：

```
# Directory where the checkpoints will be saved
checkpoint_dir = './training_checkpoints'
# Name of the checkpoint files
checkpoint_prefix = os.path.join(checkpoint_dir, "ckpt_{epoch}")
checkpoint_callback = tf.keras.callbacks.ModelCheckpoint(filepath = checkpoint_prefix, save_
weights_only = True)
```

在模型和检查点目录配置完成后，对模型完成 30 个历元的训练，并将训练结果保存到名为 history 的变量中，具体代码如下：

```
EPOCHS = 30
history = model.fit(dataset, epochs = EPOCHS, callbacks = [checkpoint_callback])
```

在模型训练时，可以得到如图 9-5 所示的输出。

```
Epoch 23/30
172/172 [==============================] - 22s 127ms/step - loss: 0.8086
Epoch 24/30
172/172 [==============================] - 22s 127ms/step - loss: 0.7845
Epoch 25/30
172/172 [==============================] - 22s 127ms/step - loss: 0.7628
Epoch 26/30
172/172 [==============================] - 22s 127ms/step - loss: 0.7456
Epoch 27/30
172/172 [==============================] - 22s 127ms/step - loss: 0.7304
Epoch 28/30
172/172 [==============================] - 22s 127ms/step - loss: 0.7141
Epoch 29/30
172/172 [==============================] - 22s 128ms/step - loss: 0.7034
Epoch 30/30
172/172 [==============================] - 22s 127ms/step - loss: 0.6925
```

图 9-5　模型训练的最后 8 个历元

由于模型的简单性和模型编码方式的特点，训练时间不会太长（3～4 分钟）。现在，可以使用保存的权重构建一个接收单个输入的自定义模型来生成文本。

9.5.9　使用训练好的模型生成文本

为了能够查看最新检查点的位置，需要运行下列代码：

```
tf.train.latest_checkpoint(checkpoint_dir)
Output:
./training_checkpoints/ckpt_30
```

现在使用之前创建好的自定义 build_model()函数构建一个 batch_size=1 的新模型，并将保存在 latest_checkpoint()函数中的权重加载到这个新模型中，使用 build()函数根据接收的输入形状（例如，[1,None]）构建新模型。以下代码可以实现上述所有要求，并可以

使用获得关于新模型的总结信息：、

```
model = build_model(vocab_size, embedding_dim, rnn_units, batch_size = 1)
model.load_weights(tf.train.latest_checkpoint(checkpoint_dir))
model.build(tf.TensorShape([1, None]))
model.summary()
```

输出结果如图 9-6 所示。

```
Model: "sequential_1"
_________________________________________________________________
Layer (type)                 Output Shape              Param #
=================================================================
embedding_1 (Embedding)      (1, None, 256)            16640
_________________________________________________________________
gru_1 (GRU)                  (1, None, 1024)           3938304
_________________________________________________________________
dense_1 (Dense)              (1, None, 65)             66625
=================================================================
Total params: 4,021,569
Trainable params: 4,021,569
Non-trainable params: 0
_________________________________________________________________
```

图 9-6 接收单个输入的新模型摘要信息

模型已经准备好进行预测，现在需要一个定制函数准备模型的输入，此时必须设置以下内容：

（1）要生成的字符数；

（2）向量化输入（从字符串到数字）；

（3）一个空变量用于存储结果；

（4）一个温度值，用于手动调整预测的可变性；

（5）对向量表示的输出进行解码，并将输出再次提供给模型，以便进行下一次预测；

（6）将所有生成的字符连接到一个最终字符串中。

下面的自定义函数完成所有上述设置要求：

```
def generate_text(model, num_generate, temperature, start_string):
input_eval = [char2idx[s] for s in start_string] # string to numbers
(vectorizing)
input_eval = tf.expand_dims(input_eval, 0) # dimension expansion
text_generated = [] # Empty string to store our results
model.reset_states() # Clears the hidden states in the RNN
for i in range(num_generate): # Run a loop for number of characters to generate
predictions = model(input_eval) # prediction for single character
predictions = tf.squeeze(predictions, 0) # remove the batch dimension
# using a categorical distribution to predict the character returned by the model
# higher temperature increases the probability of selecting a less likely character
```

```
# lower --> more predictable
predictions = predictions / temperature
predicted_id = tf.random.categorical(predictions, num_samples=1)[-1,0].numpy()
# The predicted character as the next input to the model
# along with the previous hidden state
# So the model makes the next prediction based on the previous character
input_eval = tf.expand_dims([predicted_id], 0)
# Also devectorize the number and add to the generated text
text_generated.append(idx2char[predicted_id])
return (start_string + ''.join(text_generated))
```

模型返回最终的预测值，现在可以轻易地使用下列代码生成一个文本：

```
generated_text = generate_text(
        model,
        num_generate=500,
        temperature=1,
        start_string=u"ROMEO")
```

使用内置的打印函数将其打印出来：

```
print(generated_text)
Output:
ROMEO:
Third Servingman:
This attemptue never long to smile
under garlands grass and enterhoand of death.

GREMIO:
Have I not fought for such a joy? can come to Spilet O, thy husband!
Go, sirs, confusion's cut off? princely Noboth, my any thing thee;
Whereto we will kiss thy lips.

ANTIGONUS:
It is your office: you have ta'en her relatants so many friends as they or no man upon the market
- play with thee!

GRUMIO:
First, know, my lord.

KING RICHARD II:
Then why.
CORIOLANUS:

How like a tinker? Was e
```

如你所见,模型可以生成任意长度的文本。注意:模型使用的是字符,所以这个模型的神奇之处在于它学会了从字符中创造有意义的单词,不要认为模型是把一堆不相关的词叠加在一起。模型可以复习数千个单词、学习不同字符之间的关系,并可以使用它们创造有意义的单词。模型可以复制上面的结果,并返回由带有具体含义的单词组成的句子。

调整 temperature 值,观察如何将输出从更合适的单词改变为更扭曲的单词。较高的 temperature 值将增加函数选择出现可能性较小单词的机会。当把它们全部组合起来时,就会得到没有意义的结果。另外,较低的 temperature 值会导致生成文本的函数更简单,更像是原始语料库的副本,也无法得到有意义的结果。

9.6 小结

本章讨论了用于处理文本数据的 NLP,这是人工智能的一个重要分支。重点介绍了 NLP 研究中使用的主要方法和技术,还简要地回顾了 NLP 的时间轴。最后通过一个案例开发:使用 RNN 生成莎士比亚风格的文本,进一步了解如何利用 RNN 实现 NLP 应用实现。

第 10 章将讨论推荐系统,它是很多大型科技公司提供服务的支柱。

第 10 章 推荐系统

推荐系统(recommender system)是功能强大的信息过滤系统,它对信息条目进行适当的排序,并根据用户的偏好和条目特性向用户推荐有价值的建议信息。这些建议的具体内容会有所不同,如从看什么电影到购买什么产品,从听什么歌曲到接受什么服务等。如图 10-1 所示,推荐系统的目标是向用户推荐正确的条目信息,建立信任关系,实现长期的业务目标。Amazon、Netflix、Spotify、YouTube、Google 等多数大型科技公司都从推荐系统中受益。

图 10-1　Amazon 网站上的礼品推荐系统

10.1　构建推荐系统的流行方法

创建一个强大的推荐系统的方法有很多,其中协同过滤和基于内容的过滤是最流行并广泛使用的两种方法。

10.1.1　协同过滤方法

协同过滤方法是一种基于相似性假设的信息推荐方法,假设相似用户的反应特征也具有相似性。该方法根据偏好的相似性将用户分成多个小组,并向用户推荐组内其他成员满意的条目信息。

协同过滤主要基于如下假设：过去同意的用户倾向于将来也同意。因此，纯粹的协同过滤系统只需要关注用户对给定条目信息的历史偏好数据即可。图 10-2 给出了协同过滤方法的可视化表示。

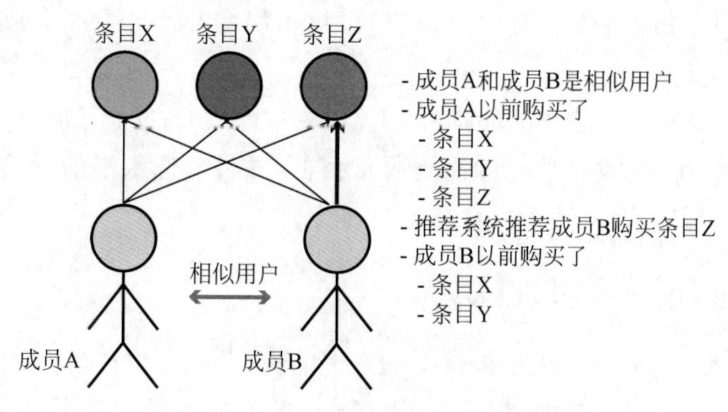

图 10-2 协同推荐系统的可视化表示

1. 协同过滤方法的基本类型

协同过滤方法有多种类型，基于记忆的方法和基于模型的方法是两种比较基本的类型。基于记忆的方法基于给定的度量标准（如余弦相似度或皮尔逊相关性）寻找相似的用户，并对评分进行加权平均。这种方法易于构建和解释，但是在数据有限的情况下，难以获得比较好的效果。基于模型的方法则通过机器学习预测用户对未评级条目信息的预期评级。尽管这种方法阻碍了模型的可解释性，但是在数据有限的情况下，可能会更加有效。

由于协同过滤基于用户的历史数据，因此使用协同方法开发推荐系统的关键步骤之一是收集关于用户反馈和偏好的数据。这些数据可以是显式数据（即用户的显式反馈），也可以是隐式数据（即用户的隐式行为）。

（1）**显式数据收集**。显式数据包括用户直接提供给系统的所有数据，包括：用户对某个物品的评分；用户收藏条目信息从最喜欢到最不喜欢的排名；用户在两个或多个条目信息之间的选择；用户最喜欢的条目信息列表。

（2）**隐式数据收集**。隐式数据基于用户的可观察行为信息，这些观察可以在系统内部进行，也可以在系统之外使用工具（如 cookie 和第三方解决方案）进行。隐式数据包括：用户查看的条目信息列表；用户在线购买的物品记录；用户访问过的网站；用户的社交网络关系。

2. 协同过滤方法面临的问题

协同过滤方法尽管比较有效，但是使用这种方法构建的推荐系统可能会面临如下 3 个常见的问题：冷启动、可伸缩性、数据的稀疏性。

（1）**冷启动**。首次部署推荐系统时，关于用户的可用数据通常比较少，即使在推荐系统比较成熟时，新增用户或产品的信息也可能远远少于期望的数量，从而造成信息不足。足够的信息对于系统做出有价值的推荐是至关重要的，因此，缺乏足够信息的推荐系统通常不能提供有用的推荐信息，这就会造成冷启动问题。

(2) **可伸缩性**。基于协同过滤方法的推荐系统面临的另一个问题是系统的可伸缩性。特别是使用基于内存的方法处理数百万用户时，对相似度的计算可能会成为一个非常耗时和耗费计算资源的任务。

(3) **数据的稀疏性**。构建成功的推荐系统需要收集足够的条目信息。用户在观察、出售或收听条目信息时给出反馈信息的比例通常很低。因此，低水平的反馈比例可能会降低结果的重要性，并提供一个不正确的条目信息排序。

10.1.2 基于内容的过滤

基于内容的过滤是另一种用于构建推荐系统的流行方法。内容是指用户所使用条目信息的内容或属性。在基于内容的过滤方法中，物品被分类，系统根据用户有限的反馈信息推荐属于用户喜欢的新物品类别。

例如，当某个用户给动作片打高分，并给儿童电影打低分时，基于内容过滤的推荐系统就会给该用户推荐另一部动作片。

对于基于内容过滤的推荐系统，条目信息和用户都被标记为关键词，以便对它们进行分类。条目信息根据其属性进行标记。为了实现对用户的标记，专门设计了一个根据用户与推荐系统的交互来创建用户配置文件的模型。模型通常使用向量空间表示算法(如 tf-idf)提取条目信息的属性特征。系统根据推荐算法获得向用户推荐的建议。

近年来，单独的基于内容过滤的推荐系统已经失去了人气。通常将基于内容的过滤方法与其他过滤方法一起使用，创建混合过滤模型。

10.1.3 构建推荐系统的其他方法

除了基于协同过滤和基于内容过滤的推荐系统，其他种类的推荐系统也得到越来越多的使用。

1. 多标准推荐系统

多标准推荐系统使用多个标准进行推荐。一般来说，推荐系统对某个条目收集单一的偏好评级，但是更加复杂的用户评价系统可以帮助创建一个更准确和先进的推荐系统。例如，在电影推荐系统中，收集电影在多个特定方面(如表演、视觉效果、演员)的评级，而不是单个总体评级，通常可以提高推荐性能。

2. 风险意识推荐系统

结合了风险度量的推荐系统称为风险意识推荐系统。例如，推荐的频率(如每天 30 次)和时间(如在工作时间)可能会影响用户体验，风险意识推荐系统就会考虑这些特性以增强用户体验。

3. 移动推荐系统

移动推荐系统使用移动设备收集的数据。此推荐系统通常是实时运行的,并根据用户状态的变化(如用户位置)进行即时更新。

4. 混合型推荐系统

混合型推荐系统结合了多种方法,如基于内容过滤、协同过滤和风险评估的方法。推荐系统对每种方法的输出进行选择、混合或加权处理,得到最终的推荐输出。

需要注意的是,上述介绍的推荐系统并不是全面的,随着计算机和数据科学的进步,会不断提出新的推荐系统。

10.2 案例开发:深度协同过滤与MovieLens数据集

此案例使用模型子类化方法构建一个自定义神经网络用于实现协同过滤。记住,协同过滤的主要假设是:过去同意的用户将来也会同意。因此,纯粹的协同过滤系统只需要用户关于条目的历史偏好信息。

案例中使用的是一个流行的电影评级数据集 MovieLens,该数据集由 GroupLens 设计和维护。GroupLens 是明尼苏达大学计算机科学与工程系的一个研究实验室,GroupLens 在其网页上维护数据集,使用这个页面可以访问不同规模的观察样本数据集。

这里主要使用一个比较小的数据集:MovieLens 最新的小数据集。它由 10 万个评级和 3600 个标签组成,基于 600 个用户的 9000 部电影构建。数据集的大小只有 1MB,因此,网络训练过程会非常快。

案例开发期间,将深入研究数据集的列(即 userId、movieId、rating、timestamp)的含义。

10.2.1 初始导入

本案例需要 6 个初始导入,主要用于导入以下功能:

(1) **TensorFlow** 建立和训练模型并进行预测;

(2) **ZipFile** 解压缩 MovieLens 数据集,该数据集被保存为 zip 文件;

(3) **Pandas** 创建数据框架并执行基本的数据处理任务;

(4) **NumPy** 生成 NumPy 数组并执行数据处理任务;

(5) **Scikit-learn** 的 train_test_split 完成训练集和测试集的拆分工作;

(6) **TensorFlow** 的 Embedding 从 TensorFlow 导入嵌入层;

(7) **TensorFlow** 的 get_file 从外部 URL 下载数据集。

使用下列代码导入所有相关的代码库和函数:

```
import tensorflow as tf
from zipfile import ZipFile
```

```
import pandas as pd
import numpy as np
from sklearn.model_selection import train_test_split
from tensorflow.keras.layers import Embedding
from tensorflow.keras.utils import get_file
```

10.2.2 加载数据

完成了初始导入后，就可以进行数据处理和模型构建。从官方发布的网站下载并加载数据后，使用 TensorFlow 的 get_file()函数下载数据集，代码如下：

```
URL = "http://files.grouplens.org/datasets/movielens/ml - latest - small.zip"
movielens_path = get_file("movielens.zip", URL, extract = True)
```

Colab 将临时下载并保存包含多个 CSV 文件的 zip 文件。为了打开其中一个 CSV 文件，需要使用 ZipFile()函数，代码如下：

```
with ZipFile(movielens_path) as z:
with z.open("ml - latest - small/ratings.csv") as f:
df = pd.read_csv(f)
```

使用上述代码，可以将评分表保存为 Pandas DataFrame，形成如图 10-3 所示的评分数据集。

	userId	movieId	rating	timestamp
0	1	1	4.0	964982703
1	1	3	4.0	964981247
2	1	6	4.0	964982224
3	1	47	5.0	964983815
4	1	50	5.0	964982931

图 10-3 评分数据集的前 5 行

评分数据集包含以下 4 个特征：

(1) **userId**：每个用户的 ID 号；

(2) **movieId**：每部电影的 ID 号；

(3) **rating**：特定用户对电影的评分；

(4) **timestamp**：用户何时对电影进行评级。

在了解了评分数据集后，下面需要对数据的特征属性进行处理，并为深度学习模型使用这些数据做好准备。

10.2.3 数据处理

在 MovieLens 数据集中，用户 ID 从 1 开始，且电影 ID 不是连续的，这会影响训练期间的计算效率，因此，需要给电影编写新的 ID 号，并在后期映射回它们初始的 ID 号。

1. 处理用户 ID

首先需要枚举用户唯一的 ID，并根据枚举的用户 ID 创建一个字典。然后，使用这些枚举 ID 创建一个反向字典(键和值是反向的)。接下来，为新用户 ID 创建一个名为 user 的新的一列。最后，将唯一的用户计数保存为 num_users，实现代码如下：

```
user_ids = df["userId"].unique().tolist()
user2user_encoded = {x: i for i, x in enumerate(user_ids)}
user_encoded2user = {i: x for i, x in enumerate(user_ids)}
df["user"] = df["userId"].map(user2user_encoded)
num_users = len(user_encoded2user)
```

2. 处理电影 ID

对于电影 ID 的处理，可以使用类似于用户 ID 的处理方法。这一步对于电影 ID 来说更加重要，因为这些 ID 值在数据集中通常不是连续的。处理电影 ID 的代码如下，这段代码使用新 ID 创建新的一列，并将唯一的电影计数保存为 num_movies：

```
movie_ids = df["movieId"].unique().tolist()
movie2movie_encoded = {x: i for i, x in enumerate(movie_ids)}
movie_encoded2movie = {i: x for i, x in enumerate(movie_ids)}
df["movie"] = df["movieId"].map(movie2movie_encoded)
num_movies = len(movie_encoded2movie)
```

现在可以查看数据集中有多少个用户和电影，代码如下：

```
print("Number of users: ", num_users,
      "\nNumber of Movies: ", num_movies)
Output:
Number of users: 610
Number of Movies: 9724
```

3. 处理评分

对于评级，需要做的就是将其标准化，以提高计算效率和模型的可靠性。首先需要检测评级的最小值和最大值，然后应用 lambda()函数进行 Minmax 标准化。使用下列代码完成上述功能：

```
min, max = df["rating"].min(), df["rating"].max()
df["rating"] = df["rating"].apply(lambda x:(x - min)/(max - min))
```

最后，检查处理过的 df DataFrame，得到如图 10-4 所示的结果。

	userId	movieId	rating	timestamp	user	movie
0	1	1	0.777778	964982703	0	0
1	1	3	0.777778	964981247	0	1
2	1	6	0.777778	964982224	0	2
3	1	47	1.000000	964983815	0	3
4	1	50	1.000000	964982931	0	4

图 10-4 处理过的评分数据集前 5 行

10.2.4 拆分数据集

由于这是一个监督学习任务，因此需要将数据分割为特征（X）和标签（Y）以及训练集和验证集。

对特征和标签的拆分任务，可以使用列选择操作并将结果保存为新变量，具体代码如下：

```
X = df[["user", "movie"]].values
y = df["rating"].values
```

新用户列和电影列是数据的特性，模型使用它们预测未看电影的用户评级。

对于训练集和验证集的分割，可以使用 Scikit-learn 中的 train_test_split()函数。该函数对数据集进行置乱和分割。具体代码实现如下：

```
(x_train, x_val, y_train, y_val) = train_test_split(
X, y,
test_size = 0.1,
random_state = 42)
```

以下代码可以检查 4 个新数据集的形状：

```
print("Shape of the x_train: ", x_train.shape)
print("Shape of the y_train: ", y_train.shape)
print("Shape of the x_val: ", x_val.shape)
print("Shape of the x_val: ", y_val.shape)
Output:
Shape of the x_train: (90752, 2)
Shape of the y_train: (90752,)
Shape of the x_val: (10084, 2)
Shape of the x_val: (10084,)
```

10.2.5 构建模型

在 TensorFlow 中，除了序列 API 和功能 API 之外，还有第三种用于构建模型的方法：模型子类化。在模型子类化中，可以自由地从零开始实现一切。模型子类化是完全可定制的，能够实现自己的定制模型。这是一种非常强大的方法，可以建立任何类型的模型。然而，它需要基本的面向对象编程知识。这里的自定义类是 tf.keras.Model 对象的子类。它还需要声明变量和函数。要建立模型，需要完成以下任务：

(1) 创建一个扩展 keras.Model 对象的类。

(2) 创建__init__()函数声明在模型中使用的 7 个变量：embedding_size、num_users、user_embedding、user_bias、num_movies、movie_embedding、movie_bias。

(3) 创建调用函数，告诉模型如何使用__init__()函数初始化处理输入的变量。

(4) 在 Sigmoid 函数激活层之后返回最后的输出。

下列代码完成了所有任务(注意，大部分代码包含注释)：

```
RecommenderNet(tf.keras.Model):
# __init function is to initialize the values of
# instance members for the new object
def __init__(self, num_users, num_movies, embedding_size, **kwargs):
super(RecommenderNet, self).__init__(**kwargs)
# Variable for embedding size
self.embedding_size = embedding_size
# Variables for user count, and related weights and biases
self.num_users = num_users
self.user_embedding = Embedding(
num_users,
embedding_size,
embeddings_initializer = "he_normal",
embeddings_regularizer = tf.keras.regularizers.
l2(1e-6),
)
self.user_bias = Embedding(num_users, 1)
# Variables for movie count, and related weights and biases
self.num_movies = num_movies
self.movie_embedding = Embedding(
num_movies,
embedding_size,
embeddings_initializer = "he_normal",
embeddings_regularizer = tf.keras.regularizers.
l2(1e-6),
)
```

```
self.movie_bias = Embedding(num_movies, 1)
def call(self, inputs):
# call function is for the dot products
# of user and movie vectors
# It also accepts the inputs, feeds them into the layers,
# and feed into the final sigmoid layer
# User vector and bias values with input values
user_vector = self.user_embedding(inputs[:, 0])
user_bias = self.user_bias(inputs[:, 0])
# Movie vector and bias values with input values
movie_vector = self.movie_embedding(inputs[:, 1])
movie_bias = self.movie_bias(inputs[:, 1])
# tf.tensordot calculcates the dot product
dot_user_movie = tf.tensordot(user_vector, movie_vector, 2)
# Add all the components (including bias)
x = dot_user_movie + user_bias + movie_bias
# The sigmoid activation forces the rating to between 0 and 1
return tf.nn.sigmoid(x)
```

在声明了 RecommenderNet 类之后，就可以通过创建这个自定义类的一个实例来构建自定义 RecommenderNet 模型：

```
model = RecommenderNet(num_users, num_movies, embedding_size = 50)
```

10.2.6 编译并训练模型

在创建了模型后，就可以进行编译。因为模型要做的是对用户未看过电影的评级进行预测，所以这更像是一个回归任务。因此，使用均方误差度量标准——而不是交叉熵度量标准——是一个更好的选择。此外，这里仍选择使用 Adam 优化器。具体代码实现如下：

```
model.compile(
loss = 'mse',
optimizer = tf.keras.optimizers.Adam(lr = 0.001)
)
```

以下代码可以完成自定义模型 5 个历元的训练：

```
history = model.fit(
x = x_train,
y = y_train,
batch_size = 64,
epochs = 5,
verbose = 1,
validation_data = (x_val, y_val),
)
```

图 10-5 给出了各个历元的均方误差损失值。

```
Epoch 1/5
1418/1418 [==============================] - 4s 3ms/step - loss: 0.0540 - val_loss: 0.0469
Epoch 2/5
1418/1418 [==============================] - 4s 3ms/step - loss: 0.0438 - val_loss: 0.0460
Epoch 3/5
1418/1418 [==============================] - 4s 3ms/step - loss: 0.0417 - val_loss: 0.0436
Epoch 4/5
1418/1418 [==============================] - 5s 3ms/step - loss: 0.0412 - val_loss: 0.0442
Epoch 5/5
1418/1418 [==============================] - 5s 3ms/step - loss: 0.0406 - val_loss: 0.0446
```

图 10-5　自定义模型训练期间的历元统计

10.2.7　进行推荐

完成了模型训练后，可以使用协同过滤方法进行推荐。采用以下代码随机选择某个用户 ID：

```
user_id = df.userId.sample(1).iloc[0]
print("The selected user ID is: ", user_id)
Output: The selected user ID is: 414
```

下一步是过滤该用户已看过的电影，具体代码如下：

```
movies_watched = df[df.userId == user_id]
not_watched = df[~df['movieId'].isin(movies_watched.movieId.values)]['movieId'].unique()
not_watched = [[movie2movie_encoded.get(x)] for x in not_watched]
print('The number of movies the user has not seen before: ',len(not_watched))
Output: The number of movies the user has not seen before is 7026
```

在获得初始数据处理步骤中给用户的新 ID 后，使用 np.hstack()函数创建 NumPy 数组，并使用 model.predict()函数生成电影评级的预测值，具体代码如下：

```
user_encoder = user2user_encoded.get(user_id)
user_movie_array = np.hstack(
([[user_encoder]] * len(not_watched), not_watched )
)
ratings = model.predict(user_movie_array).flatten()
```

前述代码提供了 NumPy 数组，其中包括所有电影的标准化评级值。但本案例不需要所有的电影，只需要收视率最高的 10 部电影以及电影 ID 即可，这样可以映射成具体的电影并了解它们的标题是什么。

NumPy argsort()函数的作用是，对所有项进行排序并返回它们的 ID。因为它是按升序工作的，所以还需要对它们进行反转排序。具体代码如下：

```
top10_indices = ratings.argsort()[-10:][::-1]
```

以下代码可以将系统分配的电影 ID 转换为数据集中给出的原始 ID：

```
recommended_movie_ids = [
movie_encoded2movie.get(not_watched[x][0]) for x in top10_
indices
]
```

在有了十佳电影的原始 ID 后。还需要向用户展示带有类型信息的电影名称，因此，需要使用 zip 文件中的另一个 CSV 文件：movies.csv。下列代码将加载数据集并创建一个名为 movie_df 的 Pandas DataFrame(输出如图 10-6 所示)：

```
# Create a DataFrame from Movies.csv file
with ZipFile(movielens_path) as z:
with z.open("ml-latest-small/movies.csv") as f:
movie_df = pd.read_csv(f)
movie_df.head(2)
```

	movieId	title	genres
0	1	Toy Story (1995)	Adventure|Animation|Children|Comedy|Fantasy
1	2	Jumanji (1995)	Adventure|Children|Fantasy

图 10-6 电影数据集的前两行

现在过滤用户已看过的十佳电影，并检查用户已经看过并打高分的电影：

```
top_movies_user = (
movies_watched.sort_values(by="rating", ascending=False)
.head(10)
.movieId.values
)
movie_df_rows = movie_df[movie_df["movieId"].isin(top_movies_user)]
```

可以通过运行以下代码进行查看，结果如图 10-7 所示：

```
print("Movies with high ratings from user")
movie_df_rows[['title','genres']]
```

正如所看到的，用户看的电影大多是经典的，推荐系统推荐给用户的也是从 20 世纪 40 年代到 70 年代的电影。此外，用户已观看电影和推荐电影的类型也有很多相似之处。

本案例成功地构建了一个基于纯协同过滤方法的推荐系统。通过此系统可以轻松地更改用户 ID，并为其他用户提供建议，以测试模型是否成功。此外，还可以使用不同的、更大的 MovieLens 数据集提高模型的预测准确度，也可以尝试使用不同变量对模型的性能进行测试。

Movies with high ratings from the user

	title	genres
602	Dr. Strangelove or: How I Learned to Stop Worr...	Comedy|War
692	Some Like It Hot (1959)	Comedy|Crime
694	Casablanca (1942)	Drama|Romance
698	Roman Holiday (1953)	Comedy|Drama|Romance
705	Citizen Kane (1941)	Drama|Mystery
706	2001: A Space Odyssey (1968)	Adventure|Drama|Sci-Fi
733	It's a Wonderful Life (1946)	Children|Drama|Fantasy|Romance
961	Great Escape, The (1963)	Action|Adventure|Drama|War
1550	Peter Pan (1953)	Animation|Children|Fantasy|Musical
3240	Princess and the Warrior, The (Krieger und die...	Drama|Romance

图 10-7 用户给予高分的电影列表

10.3 小结

本章讨论基于神经网络构建的推荐系统。首先，介绍了多种不同的推荐系统方法，然后使用深度协同过滤方法和 MovieLens 数据集构建了一个推荐系统。这个推荐系统能够向用户推荐最有可能喜欢且没看过的电影。

第 11 章将介绍主要用于无监督学习任务的自动编码器网络。

第 11 章

自动编码器

前面介绍了前馈神经网络，以及主要用于监督学习任务的 CNN 和 RNN。本章将重点关注自动编码器(图 11-1)，它是一种主要用于无监督学习任务的神经网络架构。

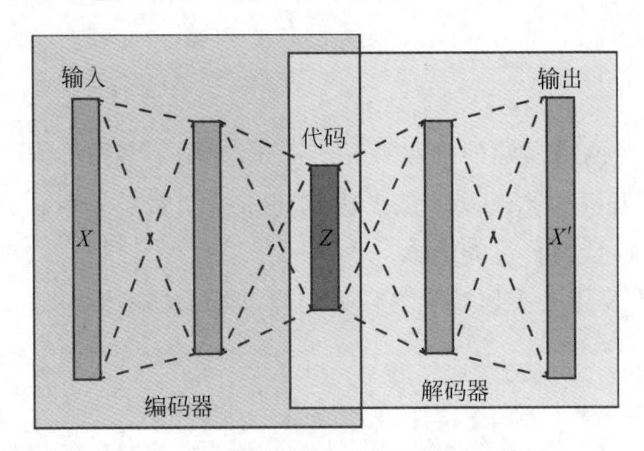

图 11-1　自动编码器基本架构的可视化表示

自动编码器需要从给定数据集中学习编码结构和解码结构。自动编码器主要用于完成数据降维、降噪和一些生成任务。还有几种用于特定任务的自动编码器的变体，下面首先深入学习自动编码器的架构。

11.1　自动编码器的优缺点

自动编码器是一种非常有前途的神经网络架构，通常被认为是其他无监督机器学习模型(如 PCA)的主要替代品。

实际上，自动编码器可以完成 PCA 模型的所有功能，甚至更多。纯线性自动编码器可以给出与 PCA 相同的结果。对于非线性特征的提取问题，自动编码器的性能要优于 PCA 模型。由于大多数问题都具有非线性性质，所以这些问题超出了 PCA 模型的适用范围。

然而，并不是所有事情都是非黑即白的情形。与其他神经网络架构一样，与 PCA 模型相比，自动编码器需要大量的数据和算力。此外，如果在自动编码器训练过程中使用结构不佳的训练数据集，则有可能进一步模糊需要提取的特征。因为自动编码器专注于提取所有信息，而不是提取相关信息，因此，结构不佳的数据集对完成机器学习任务是有害的。

对于半监督学习任务，自动编码器可能需要与不同的神经网络结构进行组合，如前馈神经网络、CNN 和 RNN。这些组合可能会在一些机器学习任务中取得比较成功的结果，但是也可能进一步损害模型的可解释性。尽管自动编码器存在一些缺点，但其优点更多，适用于与其他神经网络相结合，也可以独立地完成无监督和半监督学习任务。

11.2　自动编码器的架构

Hinton 和 PDP 集团在 20 世纪 80 年代首次引入自动编码器，主要目的是解决无监督学习的反向传播问题(即无导师反向传播问题)。

自动编码器网络最重要的结构特征是它对输入数据进行编码的能力，并且可以将编码数据解码到原始形式。因此，自动编码器的输入端和输出端数据基本上是相同的数据。这将消除对数据进行标注的必要性。每个自动编码器网络中都有一个编码器网络和一个解码器网络，这些编码器和解码器通过一个比较狭窄的潜在空间层进行连接，如图 11-2 所示。

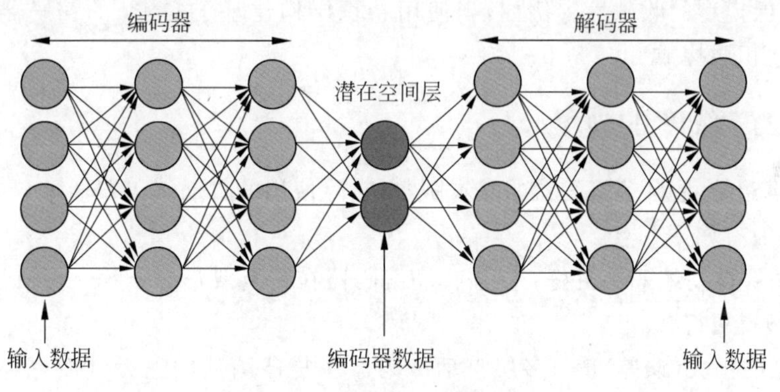

图 11-2　自动编码器网络示例

由于自动编码器的主要任务是保证输入值和输出值之间的等价性，因此自动编码器网络被迫将数据中最相关的信息保留在网络中，以便实现对输入值的重构。这种特性使得自动编码器非常适合于降维、特征学习和降噪(去噪)等任务。

最基本的自动编码器主要包括输入层、潜在空间层和输出层。输入层和潜在空间层一起组成了编码器网络，输出层和潜在空间层一起组成解码器网络。图 11-3 表示一个基本的自动编码器示例，这个自动编码器其实就是将编码器和解码器结合构成一个简单的多层感知机。

自动编码器模型的训练目标是以最优化方式调整权重，以最小化输入层和输出层之间的值差异。自动编码器模型主要通过误差的反向传播实现，类似于前馈神经网络。

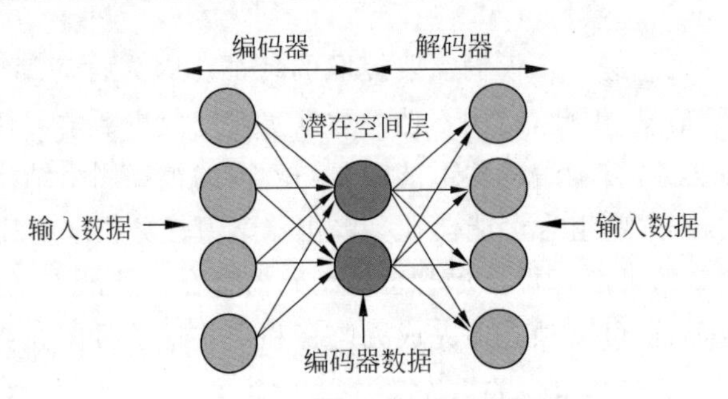

图 11-3 基本自动编码器网络示例

11.2.1 自动编码器的各个层

可以在自动编码器中使用的层会根据具体问题的不同而有所不同。每个自动编码器都必须有一个编码器和一个解码器，它们通过一个层（即潜在空间层）连接起来，可以在潜在空间层添加任何类型的网络层，包括但不限于稠密层、卷积层、池化层、LSTM 层、GRU 层等。事实上，可以根据手头任务的性质将编码器或解码器独立地设计为前馈神经网络、CNN 或 RNN。另外，在大多数自动编码器的应用场合，通常将解码器网络设计为编码器网络的反向版本，以确保模型的收敛性。例如，当使用卷积层构建基于 CNN 的编码器时，解码器网络必须由反卷积层构成。

11.2.2 深度的优势

图 11-3 给出的是自动编码器的基本版本，实际使用的自动编码器通常包含多个编码器和解码器，原因有如下 3 点。

(1) **比浅层自动编码器更好**：多层自动编码器在将重要信息压缩到潜在空间层比浅层自动编码器做得更好。

(2) **较低的损失（误差）值**：多层自动编码器在复杂函数的逼近方面更容易收敛，可以减少 MSE 等损失值。

(3) **所需的训练数据量较少**：在可用数据量有限的时候，多层自动编码器比浅层自动编码器收敛得更好。

下面重点介绍自动编码器的变体。

11.3 自动编码器的变体

虽然所有的自动编码器都是编码器-解码器架构，但是还有一些自动编码器的变体用于解决特定类型的机器学习任务。这些变体主要有欠完备自动编码器、正则化自动编码器（Regularized Auto-Encoder，RAE）和变分自动编码器（Variational Auto-Encoder，VAE）这三种基本类型。

11.3.1　欠完备自动编码器

欠完备自动编码器是一种基本的自动编码器模型，它限制了潜在空间层中神经元的数量，使其具有比输入层更少的维数。潜在空间层神经元数目少于输入层神经元数目的自动编码器称为欠完备自动编码器。

欠完备自动编码器将输入复制到输出，这看起来可能毫无意义。但是，自动编码器的有用之处在于它的潜在空间层很少使用解码器的输出。自动编码器的目标是通过综合位于编码器和解码器交集的潜在空间层中的数据来提取特征。

然而，在某些情况下，自动编码器只是将任务从编码器复制到解码器（即从输入到输出），而没有学习到任何有意义的信息。为了能够消除这种可能性，对自动编码器的处理仅限于使用正则化方法。这些功能有限的自动编码器组成了正则化自动编码器家族。

11.3.2　正则化自动编码器

自动编码器面临的主要问题之一是倾向于为解码器制作关于编码器结构的对称副本。这个问题损害了自动编码器从模型中获得有意义特征的能力。可以使用多种方法防止自动编码器为解码器复制其编码器网络，这对于特征信息的捕获至关重要。正则化自动编码器的这种变体配置了专门的成本函数，鼓励这些自动编码器发现有意义的特征，并防止它们无意义地直接将输入复制到输出。目前主要有如下 3 种流行的正则化自动编码器的变体：稀疏自动编码器（Sparse Auto-Encoder，SAE）、去噪自动编码器（Denoising Auto-Encoder，DAE）和收缩自动编码器（Contractive Auto-Encoder，CAE）。

1. 稀疏自动编码器

稀疏自动编码器是一种依赖潜在空间层活动神经元的稀疏性进行学习的自动编码器。一般而言，潜在空间层的神经元数量少于输入层和输出层的神经元数量，导致其欠完备。另一方面，潜在空间层中神经元数量多于输入层的自动编码器，则称为过完备自动编码器。

欠完备自动编码器和过完备自动编码器都可能无法在某些特定的情况下学习有意义的特征，稀疏自动编码器则通过在潜在空间中引入稀疏性来解决这个问题。在模型训练过程中，可以通过加入一些神经元活动方式迫使模型从数据中学习有意义的特征。因此，自动编码器必须响应数据集独特的统计特征，而不是仅仅作为一个恒等函数，恒等函数的唯一目的是提供需要满足的等量关系。稀疏自动编码器通常用于提取分类任务的特征等。

2. 去噪自动编码器

去噪自动编码器是一种特殊的自动编码器，主要通过最小化原始输入和加噪输入副本之间的误差进行模型训练。因此，去噪自动编码器必须找到某种方法来度量加噪副本和原始副本之间的差异。在搞清楚加噪副本和原始副本之间的差异以及如何消除这种差异后，就可以使用这种模型清除噪声数据。例如，可以使用带有加噪副本的图像数据集训练去噪自动编码器网络，然后使用该训练模型完成对实际图像文件的去噪。

3. 收缩自动编码器

收缩自动编码器主要与其他自动编码器类型并行使用。由于这种编码器对训练数据集中比较小的变化不太敏感，因此比较适用于降维和生成任务，特别是当其他类型的自动编码器均无法学习有意义特征时。收缩自动编码器的学习主要通过在代价函数中添加特定正则化器的方式实现。这种特定的正则化器对应于编码器输入数据的雅可比矩阵（一个函数的所有一阶偏导数的矩阵）的弗罗贝尼乌斯范数。

虽然收缩自动编码器的正则化策略与稀疏自动编码器相似，但它对较小变化的稳健性（尽管方法不同）与去噪自动编码器的稳健性相似。如前所述，在其他自动编码器无法学习有意义特征时，可以将收缩自动编码器与其他类型自动编码器一起使用。

11.3.3 变分自动编码器

与诸稀疏自动编码器和去噪自动编码器等其他自动编码器不同，变分自动编码器主要用于生成任务。变分自动编码器的功能更类似于生成对抗网络，由于它的网络结构也是由编码器网络和解码器网络组成的，故将它视为自动编码器的一种变体。

生成任务需要可以进行随机变化的连续函数，普通的自动编码器不能提供连续空间，因此，变分自动编码器不同于其他自动编码器的地方主要是放置在潜在空间层的连续空间。

连续空间由两个神经元组成，一个是均值神经元；另一个是方差神经元。可以使用这两个神经元获得采样编码，并将数据传递给解码器，如图 11-4 所示。输入相同的均值和方

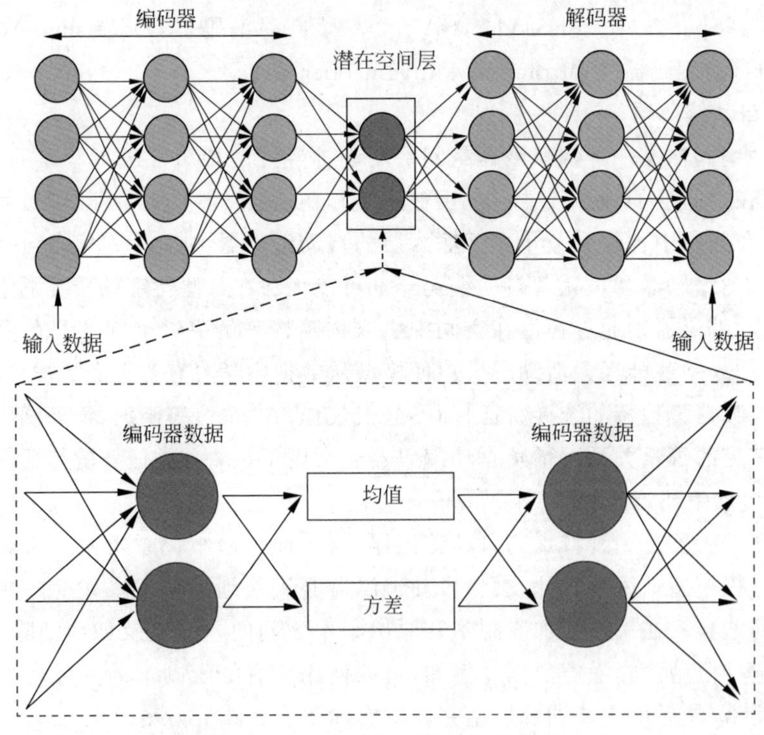

图 11-4 变分自动编码器的可视化表示

差的分布可以生成编码，则解码器从所有邻近的点学习到相同的潜在空间层，这使得模型能够使用输入数据生成相似但不相同的输出。

11.4　自动编码器的应用

虽然自动编码器的传统用途是降维，但随着自动编码器相关研究的成熟，自动编码器不断出现新的用途。自动编码器常见的应用如下。

(1) **降维**：通过将输入层的高维特征空间映射到潜在空间的低特征空间，自动编码器可以实现降维。使用带有线性激活函数的基本自动编码器可以实现与 PCA 方法相同的结果。

(2) **降噪**：特别是去噪自动编码器可以成功地去除图像、视频、声音和其他类型数据中的噪声。

(3) **图像处理**：自动编码器可用于图像压缩和图像去噪。

(4) **药物发现**：由于其生成特性，变分编码器可用于药物发现。

(5) **机器翻译**：通过将源语言文本作为输入，目标语言文本作为输出，自动编码器可以学习神经机器翻译所需的重要特征。

(6) 此外，还可以将自动编码器用于诸如信息检索、异常检测、人口合成和流行度预测等许多其他任务。

11.5　案例研发：Fashion MNIST 图像降噪

前面介绍了自动编码器的基本概念，下面介绍应用案例的研发。这个应用案例参考了 TensorFlow 的一个官方教程：自动编码器导论[10]。

应用案例的任务目标是图像去噪（清除噪声），所以需要使用带有随机噪声的完整数据集，将包含有噪声的图像数据集提供给自动编码器的一端，同时将干净的图像提供给另一端。通过模型训练步骤，自动编码器可以学习如何清除图像噪声。

案例中使用了一个流行的 AI 社区数据集：Fashion MNIST。Fashion MNIST 由 Zalando 设计和维护，Zalando 是一家总部位于德国柏林的欧洲电子商务公司。Fashion MNIST 由包含 6 万张图像的训练集和包含 1 万张图像的测试集组成。每个示例是一个 28×28 大小的灰度图像，与来自 10 个类别的标签相关联。Fashion MNIST 包含服装项目的图像，如图 11-5 所示，可以作为 MNIST 数据集的一种替代数据集。

11.5.1　初始导入

案例需要 7 个初始导入，用于完成以下功能。

(1) **TensorFlow**：建立和训练模型，并进行预测；

（2）**Matplotlib**：发现数据集并对结果进行可视化表示；

（3）**NumPy**：生成 NumPy 数组，执行数据处理任务；

（4）**Pandas**：创建 DataFrames，执行基本的数据处理任务；

（5）**TensorFlow 中的 fashion_mnist**：直接加载 Fashion MNIST 数据集到 Google Colab Notebook；

（6）**Scikit-learn 中的 train_test_split**：进行分割训练集和测试集的操作；

（7）**TensorFlow 中的 Conv2DTranspose、Conv2D 和 Input** 层：使用这些层构建自动编码器模型。

使用下列代码行导入所有相关的库和方法：

```
import tensorflow as tf
import matplotlib.pyplot as plt
import numpy as np
import pandas as pd
from tensorflow.keras.datasets import fashion_mnist
from sklearn.model_selection import train_test_split
from tensorflow.keras.layers import Conv2DTranspose, Conv2D,
Input
```

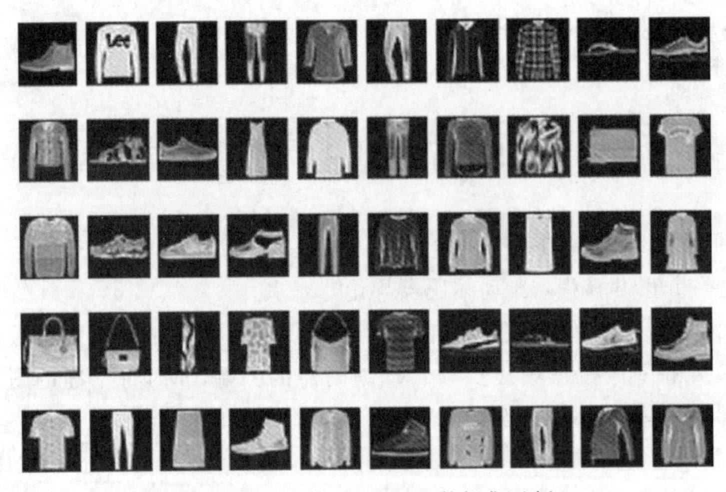

图 11-5　Fashion MNIST 数据集示例

11.5.2　加载并处理数据

完成初始导入后，就可以很容易地下载和加载 Fashion MNIST 数据集，实现代码如下：

```
# We don't need y_train and y_test
(x_train, _), (x_test, _) = fashion_mnist.load_data()
print('Max value in the x_train is', x_train[0].max())
print('Min value in the x_train is', x_train[0].min())
```

```
Output:
Max value in the x_train is 255
Min value in the x_train is 0
```

现在有两个包含数组的数据集,这些数组表示图像的像素值。注意,这里不会使用标签,所以甚至没有保存 y 值。

下面以该数据集为例,使用 Matplotlib 代码绘制图像:

```
fig, axs = plt.subplots(5, 10)
plt.figure(figsize = (5, 10))
fig.tight_layout(pad = - 1)
a = 0
for i in range(5):
for j in range(10):
axs[i, j].imshow(tf.squeeze(x_test[a]))
axs[i, j].xaxis.set_visible(False)
axs[i, j].yaxis.set_visible(False)
a = a + 1
plt.gray()
```

选择的服装项目的网格输出如图 11-5 所示。

为了计算效率和模型可靠性,必须对图像数据使用极小极大归一化处理,将数值范围限制为 0~1。由于这里的数据是 RGB 格式,所以将最小值设为 0,最大值设为 255,进行如下 Minmax 归一化操作:

```
x_train = x_train.astype('float32') / 255.
x_test = x_test.astype('float32') / 255.
```

这里还需要重塑 NumPy 数组,因为当前数据集的形状是(60000,28,28)和(10000,28,28)。只需要添加一个具有单个值的第四维度(例如,从(60000,28,28)到(60000,28,28,1))。第四维度几乎可以作为数据是灰度格式的证明,用单个值表示从白到黑的颜色信息。如果有彩色图像,那么就需要在四维空间中有 3 个值。由于这里使用的是灰度图像,所以只需要包含单个值的第四维度。具体代码如下:

```
x_train = x_train[..., tf.newaxis]
x_test = x_test[..., tf.newaxis]
```

使用下列代码查看 NumPy 数组的形状:

```
print(x_train.shape)
print(x_test.shape)
Output:
(60000, 28, 28, 1)
(10000, 28, 28, 1)
```

11.5.3 向图像中添加噪声

案例的目标是创建一个能够去除噪声的自动编码器。对于这个任务，需要干净的图像文件及其包含噪声的副本。自动编码器的任务是调整其权重，以复制噪声的生成过程，并能够去除图像中的噪声。换句话说，需要故意给图像添加随机噪声来扭曲它们，这样自动编码器就可以知道它们如何变得嘈杂，以及如何去除这些噪声。因此，需要给现有的图像添加噪声。

首先使用 tf 将随机生成的数值添加到每个数组项。再将随机值与噪声因子相乘，也可以进行随意操作，即可完成图像加噪。图像加噪的代码如下：

```
noise_factor = 0.6
x_train_noisy = x_train + noise_factor * tf.random.normal(shape = x_train.shape)
x_test_noisy = x_test + noise_factor * tf.random.normal(shape = x_test.shape)
```

加噪过程需要确保数组项的值在 0～1，一般使用 tf.clip_by_value()函数实现。clip_by_value()是一个 TensorFlow 函数，它可以剪辑在 Min～Max 范围之外的值，并用指定的最小值或最大值替换它们。下列代码用于剪辑超出范围的值：

```
x_train_noisy = tf.clip_by_value(x_train_noisy, clip_value_min = 0., clip_value_max = 1.)
x_test_noisy = tf.clip_by_value(x_test_noisy, clip_value_min = 0., clip_value_max = 1.)
```

现在已经有了包含噪声的图像和干净的图像，就使用下列代码查看在图像中添加随机噪声的效果：

```
n = 5
plt.figure(figsize = (20, 8))
for i in range(n):
ax = plt.subplot(2, n, i + 1)
plt.title("original", size = 20)
plt.imshow(tf.squeeze(x_test[i]))
plt.gray()
bx = plt.subplot(2, n, n+ i + 1)
plt.title("original + noise", size = 20)
plt.imshow(tf.squeeze(x_test_noisy[i]))
plt.gray()
plt.show()
```

图 11-6 显示了原始图像和包含噪声的版本。

正如所看到的，这里对图像施加了比较严重的噪声，没有人能分辨出底部的图像中的服装。但是，可以使用自动编码器从图像中去除这些极度嘈杂的噪声。

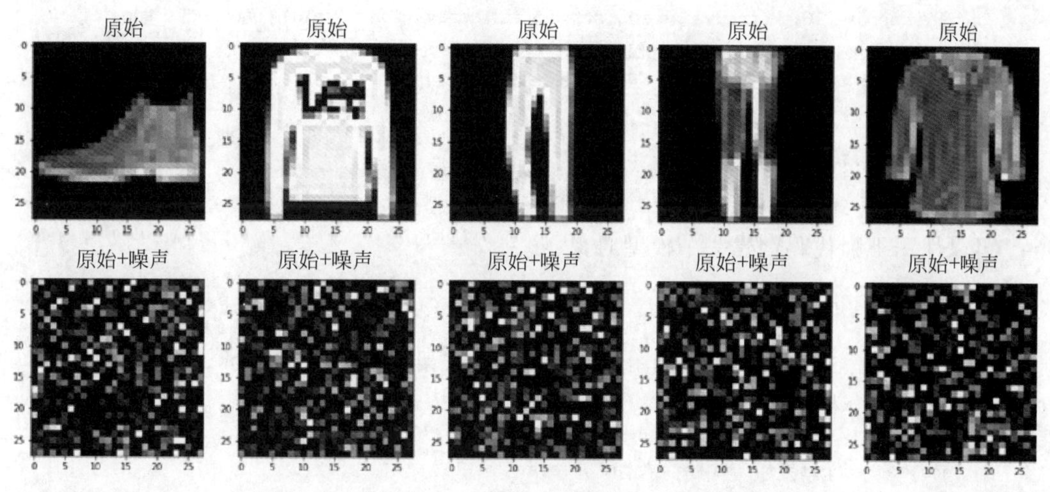

图 11-6 干净的 Fashion MNIST 图像与噪声图像示例

11.5.4 构建模型

正如第 10 章那样，这里再次使用模型子类化。在模型子类化中，可以自由地从零开始实现一切。这是一种非常强大的方法，因为可以建立任何类型的模型。这里的自定义类将扩展 tf.keras.Model 对象。还需要声明几个变量和函数。要建立模型，只需要完成下列任务即可：

(1) 创建一个扩展 keras .Model 对象的类。

(2) 创建__ init __()函数声明使用序列 API 构建的两个单独的模型。在这些层中，需要声明两个互逆的层。Conv2D 层用于编码器模型，而 Conv2D 转置层用于解码器模型。

(3) 创建一个调用函数，告诉模型如何使用__ init __()函数初始化处理的变量输入：需要调用初始化的编码器模型，该模型将图像作为输入；还需要调用初始化的解码器模型，该模型将编码器模型(已编码)的输出作为自己的输入。

(4) 返回解码器的输出。

下列代码可以完成所有上述任务：

```
class Denoise(tf.keras.Model):
def __ init __(self):
super(Denoise, self).__ init __()
self.encoder = tf.keras.Sequential([
Input(shape = (28, 28, 1)),
Conv2D(16, (3,3), activation = 'relu', padding = 'same',strides = 2),
Conv2D(8, (3,3), activation = 'relu', padding = 'same',strides = 2)])
self.decoder = tf.keras.Sequential([
Conv2DTranspose(8, kernel_size = 3, strides = 2,activation = 'relu', padding = 'same'),
```

```
Conv2DTranspose(16, kernel_size = 3, strides = 2,activation = 'relu', padding = 'same'),
Conv2D(1, kernel_size = (3,3), activation = 'sigmoid',padding = 'same')])
def call(self, x):
encoded = self.encoder(x)
decoded = self.decoder(encoded)
return decoded
```

可以使用下列代码创建一个模型对象：

```
autoencoder = Denoise()
```

这里使用 Adam 优化器作为优化算法，使用均方误差作为损失函数。完成这些配置的代码如下：

```
autoencoder.compile(optimizer = 'adam', loss = 'mse')
```

最后，可以通过提供有噪声的图像和干净的图像，对模型运行 10 个历元，大概需要训练时间为 1 分钟。还可以使用测试数据集进行验证。模型训练的代码如下：

```
autoencoder.fit(x_train_noisy, x_train,
                epochs = 10,
                shuffle = True,
                validation_data = (x_test_noisy, x_test))
```

图 11-7 显示了每个历元的训练过程输出。

```
Epoch 1/10
1875/1875 [==============================] - 5s 3ms/step - loss: 0.0287 - val_loss: 0.1980
Epoch 2/10
1875/1875 [==============================] - 5s 3ms/step - loss: 0.0206 - val_loss: 0.1979
Epoch 3/10
1875/1875 [==============================] - 5s 3ms/step - loss: 0.0201 - val_loss: 0.1972
Epoch 4/10
1875/1875 [==============================] - 5s 3ms/step - loss: 0.0198 - val_loss: 0.1976
Epoch 5/10
1875/1875 [==============================] - 5s 3ms/step - loss: 0.0195 - val_loss: 0.1972
Epoch 6/10
1875/1875 [==============================] - 5s 3ms/step - loss: 0.0193 - val_loss: 0.1984
Epoch 7/10
1875/1875 [==============================] - 5s 3ms/step - loss: 0.0192 - val_loss: 0.1998
Epoch 8/10
1875/1875 [==============================] - 5s 3ms/step - loss: 0.0190 - val_loss: 0.1995
Epoch 9/10
1875/1875 [==============================] - 5s 3ms/step - loss: 0.0189 - val_loss: 0.1966
Epoch 10/10
1875/1875 [==============================] - 5s 3ms/step - loss: 0.0188 - val_loss: 0.1974
<tensorflow.python.keras.callbacks.History at 0x7f0ae8d77b00>
```

图 11-7 自定义模型训练期间的历元统计

11.5.5 噪声图像的降噪

在已经训练好模型后，就可以很容易地进行去噪任务。为了简化预测过程，即可以使用测试数据集，也可以自由地处理和尝试其他图像，比如 MNIST 数据集中的手写数字。

现在，运行下面几行代码测试图像去噪的效果：

```
encoded_imgs = autoencoder.encoder(x_test).numpy()
decoded_imgs = autoencoder.decoder(encoded_imgs.numpy()
```

这里分别使用了编码器网络和解码器网络及其相应的属性。首先使用编码器网络对图像(x_test)进行编码。然后，在解码器网络中使用经过编码的图像(encoded_imgs)生成图像的干净版本(decoded_imgs)。

以下代码可以实现对测试数据集前10张图像的原始版本、噪声图像和重构(去噪)图像进行比较：

```
n = 10
plt.figure(figsize = (20, 6))
for i in range(n):

# display original + noise
bx = plt.subplot(3, n, i + 1)
plt.title("original + noise")
plt.imshow(tf.squeeze(x_test_noisy[i]))
plt.gray()
ax.get_xaxis().set_visible(False)
ax.get_yaxis().set_visible(False)

# display reconstruction
cx = plt.subplot(3, n, i + n + 1)
plt.title("reconstructed")
plt.imshow(tf.squeeze(decoded_imgs[i]))
plt.gray()
bx.get_xaxis().set_visible(False)
bx.get_yaxis().set_visible(False)

# display original
ax = plt.subplot(3, n, i + 2 * n + 1)
plt.title("original")
plt.imshow(tf.squeeze(x_test[i]))
plt.gray()
ax.get_xaxis().set_visible(False)
ax.get_yaxis().set_visible(False)
plt.show()
```

图11-8分别显示了所选图像的原始版本、噪声图像和重构(去噪)图像。

由图11-8可知，模型成功地去除了图像中非常嘈杂的噪声，且图像来自测试数据集，但去噪结果也很明显存在一些无法复原的变形，如拖鞋的底部就出现了缺失。如果考虑噪声

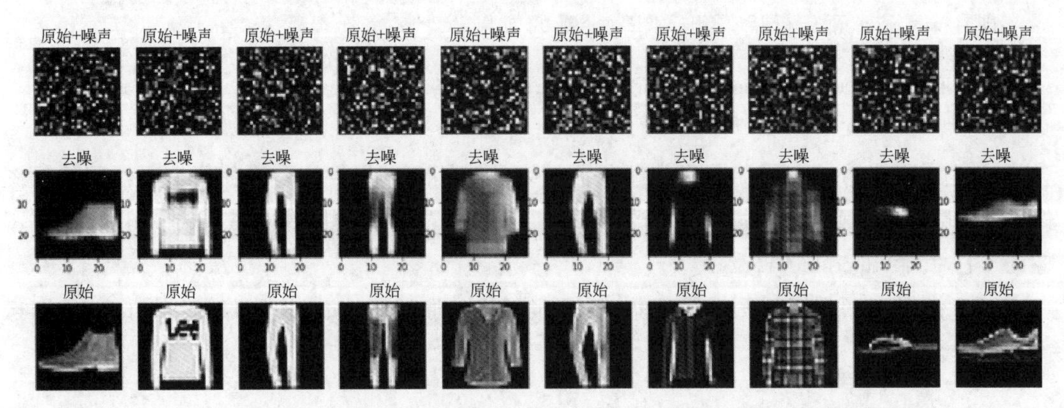

图 11-8 Fashion MNIST 测试数据集图像的原始版本、噪声图像和去噪图像

图像的变形程度，则说明模型在恢复失真图像方面是相当成功的。

同时，还可以考虑扩展这个自动编码器，将它嵌入照片增强应用程序中，增加照片的清晰度。

11.6 小结

本章介绍了主要用于无监督学习任务的自动编码器，并且进行了应用案例开发，实现了能够去除图像噪声的自动编码器模型，并完成其训练。

第 12 章将深入学习生成对抗网络，它彻底改变了深度学习的数据生成方式。

第 12 章

生成对抗网络

生成对抗网络(GAN)是 Ian Goodfellow 和他的同事在 2014 年设计的一种深度学习模型。GAN 的发明出乎意料。著名的研究者、蒙特利尔大学的博士研究员 Ian Goodfellow 和朋友在一个晚会上讨论其他生成算法缺陷时想到了这个想法。晚会结束后,他满怀希望地回到家并实现了他心中的想法。令人惊讶的是,在第一次测试中,一切都如他所愿,他成功地创建了生成对抗网络。

Facebook 人工智能研究主管、纽约大学教授 Yann LeCun 表示,GAN 是"过去 10 年机器学习领域最有趣的想法"。

12.1 GAN 方法

在 GAN 架构中,有两个神经网络(生成器和判别器)相互竞争。生成器使用接触训练集学习生成具有相似特征的新样本。另外,判别器试图判断生成器生成的数据是真实的还是伪造的。通过训练,生成器逐步生成接近真实的样本,使判别器无法将它们与训练数据区分开来。完成这种训练后,就可以使用生成器生成非常逼真的虚拟样本,如图像、声音和文本等。

GAN 的最初设计主要用于处理无监督学习任务。然而,最近的研究表明,GAN 在监督学习、半监督学习和强化学习任务中也显示出很好的效果。

12.2 架构

如前所述,GAN 由生成网络和判别网络组成。这两个网络通过潜在空间层连接在一起。换句话说,这里使用 GAN 的输出作为判别器网络的输入。首先深入了解生成网络和判别网络,如图 12-1 所示为 GAN 的工作原理。

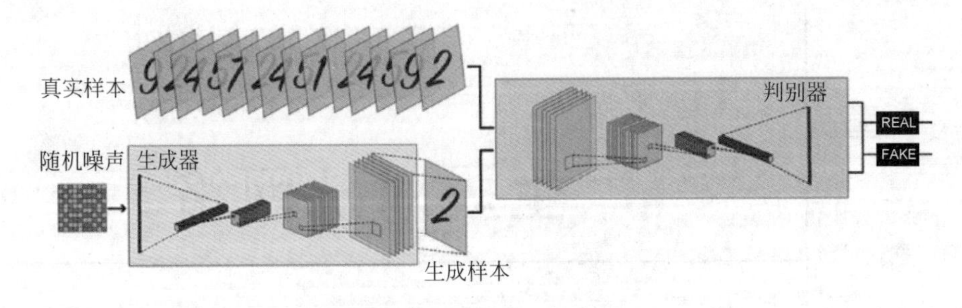

图 12-1 生成对抗网络的可视化表示

12.2.1 生成器网络

生成器网络接收一个固定长度的随机向量(从随机噪声开始)并生成一个新的样本。它使用高斯分布生成新的样本,通常从一维层开始,最后将其重塑为训练数据样本的形状。例如,如果使用 MNIST 数据集生成图像,则生成器网络的输出层必须对应于图像的尺寸(例如,28×28×1)。这里的最后一层也称为潜在空间层或向量空间层。

12.2.2 判别器网络

判别器网络基本上以相反的顺序工作。将生成器网络的输出作为判别器网络(如 28×28×1)的输入数据。判别器网络的主要任务是判断生成的样本是否可信。因此,判别器网络的输出由包含单个神经元的稠密层提供,输出生成样本为真实样本的概率(如 0.6475)。

12.2.3 潜在空间层

潜在空间(即向量空间)层是生成器网络的输出,同时也是判别器网络的输入。GAN 模型中的潜在空间层通常具有原始训练数据集样本的形状。潜在空间层试图捕捉训练数据集的特征,使得生成器能够成功生成逼真的虚拟样本。

12.2.4 面临的问题:模式崩溃

在 GAN 模型训练过程中,经常会遇到模式崩溃问题。模式崩溃主要是指不能正确地归纳出数据特征,换句话说,不能成功地生成样本有意义的特征。模式崩溃的类型可能是完全不能学习或部分特征无法学习。例如,在使用 MNIST 数据集(0~9 的手写数字)的时候,由于模式折叠问题,GAN 模型可能永远不会生成某些数字。对于模式崩溃有两种可能的解释:

(1) 判别网络过弱;

(2) 目标函数的选择错误。

因此，考察并调整网络的规模、深度以及目标函数，一般会解决这个问题。

12.2.5 有关架构的最后注解

要建立有效的GAN模型，必须保持生成器和判别器网络之间的健康竞争。只要这两个网络通过相互配合完善它们的性能，就可以根据问题自由设计这些网络的内部结构。例如，在处理序列数据时，可以使用LSTM层和GRU层构建两个网络，其中一个充当生成器网络，而另一个充当判别器网络。另一个常见的例子可参见本章的应用案例。使用GAN生成图像时，还可以添加卷积层或转置卷积层，利用它们降低图像数据的计算复杂度。

12.3 GAN的应用

GAN目前可用于多个领域，包括时尚、艺术和广告、制造和研发、电子游戏、恶意应用及深度伪造等。

12.3.1 艺术与时尚

GAN能够生成样本，这种网络天生就具有创造力，因此，艺术和时尚是GAN最有前途的领域之一。使用训练有素的GAN模型，可以生成绘画、歌曲、服装甚至诗歌。事实上，一幅由英伟达的StyleGAN网络制作的画作“Edmond de Belamy, from La Famille de Belamy”在纽约以432500美元的价格售出，因此，可以清楚地看到GAN在艺术界的应用潜力。

12.3.2 制造与研发

GAN可用于预测科学研究项目和工业应用中的计算瓶颈。

GAN网络还可用于增加基于统计分布的图像清晰度。换句话说，GAN可以利用统计分布预测缺失的部分，生成合适的像素值，从而提高望远镜或显微镜拍摄图像的质量。

12.3.3 电子游戏

GAN可以使用小清晰度图像获得更精确和更清晰的图像，所以GAN可用于让老游戏更吸引新玩家。

12.3.4 恶意应用与深度伪造

GAN可能用来生成逼真的虚假社交档案或关于名人的虚假视频。例如，GAN算法可能用来伪造证据陷害某人，因此存在一些恶意的GAN应用。也存在一些专门的GAN模型，用于检测由恶意GAN生成的样本，并将这些样本标记为虚假样本。

12.3.5 其他应用

除了上述应用之外，GAN 的用途还包括：

(1) 医疗行业的早期诊断；

(2) 在建筑和内部设计行业中产生逼真的图像；

(3) 从图像中重建物体的三维模型；

(4) 图像处理，如对老化图像的处理；

(5) 生成蛋白质序列，用于癌症研究；

(6) 用声音重建某个人的脸。

GAN 的应用范围广泛且无限，是人工智能领域非常热门的话题。在讨论了 GAN 的基础知识后，下面开始进行应用案例研发。注意，案例参考了 TensorFlow 团队发布的深度卷积 GAN 教程。

12.4 案例研发：MNIST 数据集的数字生成

这个案例研发将一步一步地建立某个生成对抗网络，即能够生成手写数字(0～9)的生成对抗网络。为了完成这个任务，需要建立生成器网络以及判别器网络，其中生成模型学习如何欺骗判别模型，判别模型则负责检查生成器网络生成的产品。

12.4.1 初始导入

与其他应用案例开发一样，首先需要完成初始导入。这些导入可以满足 Google Colab Notebook 的不同单元使用。下列代码行导入了 TensorFlow 以及相关的 TensorFlow 层对象和 Matplotlib：

```
import tensorflow as tf
from tensorflow.keras.layers import(Dense,
BatchNormalization,
LeakyReLU,
Reshape,
Conv2DTranspose,
Conv2D,
Dropout,
Flatten)
import matplotlib.pyplot as plt
```

案例中还会使用其他库，如 os、time、IPython.display、PIL、glob 和 imageio，为了保持它们与本章上下文相关，只在需要使用时再进行导入。

12.4.2　加载并处理 MNIST 数据集

前面已经多次讨论过 MNIST 数据集的细节，它是一个手写数字数据集，包含 60000 个训练样本和 10000 个测试样本。如果想了解更多的关于 MNIST 数据集的信息，可以参考第 7 章相关内容。

数字生成是一个无监督学习任务，因此只需要特征信息，不需要保存标签数组。可以使用下列代码导入数据集：

```
# underscore to omit the label arrays
(train_images, train_labels), (_, _) = tf.keras.datasets.mnist.load_data()
```

然后是重塑 train_images，使其具有第四维度并使用下列代码对它们进行归一化（范围为−1～1）处理：

```
train_images = train_images.reshape(train_images.shape[0], 28,28, 1).astype('float32')
train_images = (train_images - 127.5) / 127.5 # Normalize the images to [-1, 1]
```

设置 BUFFER_SIZE 用于整理数据，设置 BATCH_SIZE 用于分批处理数据。然后，调用下列函数将 NumPy 数组转换为 TensorFlow 数据集对象：

```
# Batch and shuffle the data
train_dataset = tf.data.Dataset.from_tensor_slices(train_images).shuffle(BUFFER_SIZE).
batch(BATCH_SIZE)
```

完成数据处理后，就可以进入模型构建环节。

12.4.3　构建 GAN 模型

与其他应用案例研发不同，本案例的模型构建要稍微高级一些。这里需要自己定义损失函数、训练步骤和训练循环函数，因此，掌握模型构建的过程会更有挑战性。案例实现代码中会尝试给出更多的注释，建议读者认真阅读给出的注释，以便更容易掌握模型的构建。同时，还可以把这个案例的研发看作成为高级机器学习专家的一个途径。

1. 生成器网络

作为 GAN 的一部分，首先构建一个具有序列 API 的生成器。生成器将接收包含 100 个数据点的一维输入，并逐渐将其转换为 28×28 像素的图像数据。由于模型从一维输入生成图像，因此使用转置卷积层是最好的选择。转置卷积层的工作与卷积层相反，它们可以提高图像数据的清晰度。在使用转置卷积层后，这里还使用了批处理归一化层和 Leaky ReLU 层。可以使用下列代码定义这个网络模型：

```
def make_generator_model():
model = tf.keras.Sequential()
```

```
model.add(Dense(7 * 7 * 256, use_bias = False, input_shape = (100,)))
model.add(BatchNormalization())
model.add(LeakyReLU())
model.add(Reshape((7, 7, 256)))
assert model.output_shape == (None, 7, 7, 256) # Note: None is the batch size
model.add(Conv2DTranspose(128, (5, 5), strides = (1, 1),
padding = "same", use_bias = False))
assert model.output_shape == (None, 7, 7, 128)
model.add(BatchNormalization())
model.add(LeakyReLU())
model.add(Conv2DTranspose(64, (5, 5), strides = (2, 2),
padding = "same", use_bias = False))
assert model.output_shape == (None, 14, 14, 64)
model.add(BatchNormalization())
model.add(LeakyReLU())
model.add(Conv2DTranspose(1, (5, 5), strides = (2, 2),
padding = "same", use_bias = False, activation = "tanh"))
assert model.output_shape == (None, 28, 28, 1)
return model
```

使用下列代码声明生成器网络：

```
generator = make_generator_model()
```

通过图 12-2 可以查看生成器网络的摘要信息。

```
Model: "sequential"
_________________________________________________________________
Layer (type)                 Output Shape              Param #
=================================================================
dense (Dense)                (None, 12544)             1254400
_________________________________________________________________
batch_normalization (BatchNo (None, 12544)             50176
_________________________________________________________________
leaky_re_lu (LeakyReLU)      (None, 12544)             0
_________________________________________________________________
reshape (Reshape)            (None, 7, 7, 256)         0
_________________________________________________________________
conv2d_transpose (Conv2DTran (None, 7, 7, 128)         819200
_________________________________________________________________
batch_normalization_1 (Batch (None, 7, 7, 128)         512
_________________________________________________________________
leaky_re_lu_1 (LeakyReLU)    (None, 7, 7, 128)         0
_________________________________________________________________
conv2d_transpose_1 (Conv2DTr (None, 14, 14, 64)        204800
_________________________________________________________________
batch_normalization_2 (Batch (None, 14, 14, 64)        256
_________________________________________________________________
leaky_re_lu_2 (LeakyReLU)    (None, 14, 14, 64)        0
_________________________________________________________________
conv2d_transpose_2 (Conv2DTr (None, 28, 28, 1)         1600
=================================================================
Total params: 2,330,944
Trainable params: 2,305,472
Non-trainable params: 25,472
_________________________________________________________________
```

图 12-2　生成器网络的摘要信息

使用未经过训练的生成器网络生成一个随机的图像样本，具体代码如下：

```
# Create a random noise and generate a sample
noise = tf.random.normal([1, 100])
generated_image = generator(noise, training = False)
# Visualize the generated sample
plt.imshow(generated_image[0, :, :, 0], cmap = "gray")
```

生成器网络随机生成的样本如图 12-3 所示。

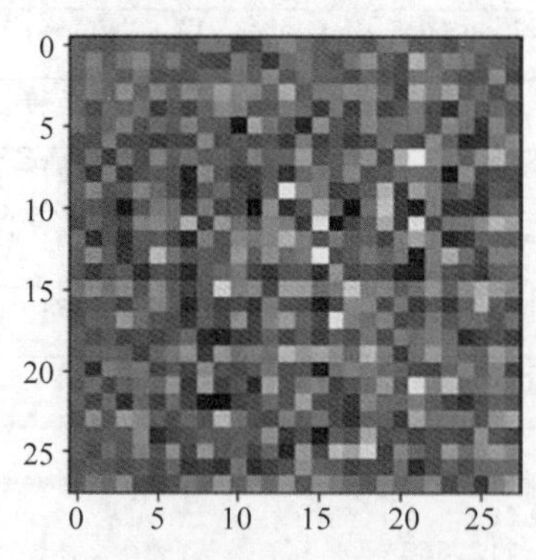

图 12-3 未经过训练的生成器网络随机生成的样本

2. 判别器网络

在建立生成器网络后，还需要建立判别器网络，用于检查由生成器网络生成的样本。判别器网络可以决定生成图像是伪造图像的概率。因此，它接收生成的图像数据(28×28)作为输入并输出单个值。对于这个任务，这里使用了 Leaky ReLU 和 Dropout 层支持的卷积层。扁平化层将二维数据转换为一维数据，稠密层将数据转换为单一值输出。可以使用下列代码完成对判别器网络函数的定义：

```
def make_discriminator_model():
model = tf.keras.Sequential()
model.add(Conv2D(64, (5, 5), strides = (2, 2), padding = "same", input_shape = [28, 28, 1]))
model.add(LeakyReLU())
model.add(Dropout(0.3))
model.add(Conv2D(128, (5, 5), strides = (2, 2),padding = "same"))
model.add(LeakyReLU())
model.add(Dropout(0.3))
model.add(Flatten())
model.add(Dense(1))
return model
```

通过调用下列函数创建判别器网络：

```
discriminator = make_discriminator_model()
```

查看判别器网络摘要信息的代码如下(输出如图 12-4 所示):

```
discriminator.summary()
Output:
```

```
Model: "sequential_1"
_________________________________________________________________
Layer (type)                 Output Shape              Param #
=================================================================
conv2d (Conv2D)              (None, 14, 14, 64)        1664
_________________________________________________________________
leaky_re_lu_3 (LeakyReLU)    (None, 14, 14, 64)        0
_________________________________________________________________
dropout (Dropout)            (None, 14, 14, 64)        0
_________________________________________________________________
conv2d_1 (Conv2D)            (None, 7, 7, 128)         204928
_________________________________________________________________
leaky_re_lu_4 (LeakyReLU)    (None, 7, 7, 128)         0
_________________________________________________________________
dropout_1 (Dropout)          (None, 7, 7, 128)         0
_________________________________________________________________
flatten (Flatten)            (None, 6272)              0
_________________________________________________________________
dense_1 (Dense)              (None, 1)                 6273
=================================================================
Total params: 212,865
Trainable params: 212,865
Non-trainable params: 0
_________________________________________________________________
```

图 12-4 判别器网络的摘要信息

使用判别器网络判别前面随机生成的图像样本是否为真实图像,具体代码如下:

```
decision = discriminator(generated_image)
print (decision)
Output:
tf.Tensor([[-0.00108097]], shape=(1, 1), dtype=float32)
```

如果输出结果小于零,则可以判定这个由未训练生成器网络生成的图像样本是假的。

12.4.4 配置 GAN 模型

作为模型配置的一部分,需要为生成器和判别器设置损失函数。此外,还需要为它们设置单独的优化器。

1. 损失函数

首先从 tf.keras.losses 模块创建一个二元交叉熵对象,并将 from_logits 参数设置为 true。创建对象后,使用自定义判别器和生成器的损失函数填充对象。

判别器的损失计算方法如下:

(1) 判别器对真实图像的预测为一组 1;

(2) 判别器对生成图像的预测为一组 0。

生成器的损失通过测量它欺骗判别器的能力进行计算。因此，需要将判别器对生成图像的判断与一系列的1进行比较。

下列代码可以完成上述所有目标：

```
# This method returns a helper function to compute cross entropy loss
cross_entropy = tf.keras.losses.BinaryCrossentropy(from_logits = True)
def discriminator_loss(real_output, fake_output):
real_loss = cross_entropy(tf.ones_like(real_output), real_output)
fake_loss = cross_entropy(tf.zeros_like(fake_output), fake_output)
total_loss = real_loss + fake_loss
return total_loss
def generator_loss(fake_output):
return cross_entropy(tf.ones_like(fake_output), fake_output)
```

2. 优化器

完成损失函数的设置后，还需要分别为生成器网络和判别器网络设置两个优化器。这里可以使用 tf.keras.optimizers 模块中的 Adam 对象。设置优化器的代码如下：

```
generator_optimizer = tf.keras.optimizers.Adam(1e-4)
discriminator_optimizer = tf.keras.optimizers.Adam(1e-4)
```

3. 设置检查点

GAN 比较复杂，模型训练的时间比其他类型的网络要长，需要进行至少50～60个历元的训练，才能生成有意义的图像。因此，设置检查点对于后期模型的使用非常有用。

使用 os 库设置一个路径保存所有的训练步骤，具体如下：

```
import os
checkpoint_dir = './training_checkpoints'
checkpoint_prefix = os.path.join(checkpoint_dir, "ckpt")
checkpoint = tf.train.Checkpoint(
generator_optimizer = generator_optimizer,
discriminator_optimizer = discriminator_optimizer,
generator = generator,
discriminator = discriminator)
```

12.4.5 训练 GAN 模型

使用下列代码创建变量，完成模型的训练：

```
EPOCHS = 60
# We will reuse this seed overtime (so it's easier)
# to visualize progress in the animated GIF)
noise_dim = 100
```

```
num_examples_to_generate = 16
seed = tf.random.normal([num_examples_to_generate, noise_dim])
```

这里使用 seed 生成图像的噪声，可以生成一个服从正态分布的形状为(16,100)的随机数组。

1. 模型训练步骤

模型构建过程最重要的部分就是设置一个定制的训练步骤。在通过 tf.function 注释定义 train_step()函数后，模型将基于这个自定义 train_step()函数进行训练。

下面带有较多注释的代码用于训练步骤，建议仔细阅读注释。

```
# tf.function annotation causes the function
# to be "compiled" as part of the training
@tf.function
def train_step(images):
# 1 - Create a random noise to feed it into the model
# for the image generation
noise = tf.random.normal([BATCH_SIZE, noise_dim])
# 2 - Generate images and calculate loss values
# GradientTape method records operations for automatic differentiation.
with tf.GradientTape() as gen_tape, tf.GradientTape() as disc_tape:
generated_images = generator(noise, training = True)
real_output = discriminator(images, training = True)
fake_output = discriminator(generated_images,training = True)
gen_loss = generator_loss(fake_output)
disc_loss = discriminator_loss(real_output, fake_output)
# 3 - Calculate gradients using loss values and model variables
# "gradient" method computes the gradient using
# operations recorded in context of this tape (gen_tape and disc_tape).
# It accepts a target (e.g., gen_loss) variable and
# a source variable (e.g.,generator.trainable_variables)
# target --> a list or nested structure of Tensors or Variables to be differentiated.
# source --> a list or nested structure of Tensors or Variables.
# target will be differentiated against elements in sources.
# "gradient" method returns a list or nested structure of Tensors
# (or IndexedSlices, or None), one for each element in sources.
# Returned structure is the same as the structure of sources.
gradients_of_generator = gen_tape.gradient(gen_loss,
generator.trainable_variables)
gradients_of_discriminator = disc_tape.gradient( disc_loss,
discriminator.trainable_variables)
# 4 - Process Gradients and Run the Optimizer
# "apply_gradients" method processes aggregated gradients.
```

```
# ex: optimizer.apply_gradients(zip(grads, vars))
"""
Example use of apply_gradients:
grads = tape.gradient(loss, vars)
grads = tf.distribute.get_replica_context().all_reduce('sum',grads)
# Processing aggregated gradients.
optimizer.apply_gradients(zip(grads, vars), experimental
aggregate_gradients = False)
"""
generator_optimizer.apply_gradients(zip( gradients_of_
generator, generator.trainable_variables))
discriminator_optimizer.apply_gradients(zip( gradients_of_
discriminator, discriminator.trainable_variables))
```

在使用 tf. function 注释给出了自定义的训练步骤后，下面可以为模型训练循环定义具体的训练函数。

2. 模型训练循环

为模型训练循环定义 train()函数，通过运行 for 循环遍历 MNIST 数据集的自定义训练步骤，还使用单个函数执行以下操作：

(1) 训练；

(2) 开始记录每个历元开始时所花费的时间；

(3) 制作 GIF 图像并显示；

(4) 每 5 个历元保存一个模型作为检查点；

(5) 历元时间完成时打印输出；

(6) 在模型训练完成后生成最终图像。

下面带有详细注释的代码可以完成以上所有任务：

```
import time
from IPython import display # A command shell for interactive computing in Python.
def train(dataset, epochs):
# A. For each epoch, do the following:
for epoch in range(epochs):
start = time.time()
# 1 - For each batch of the epoch,
for image_batch in dataset:
# 1.a - run the custom "train_step" function
# we just declared above
train_step(image_batch)
# 2 - Produce images for the GIF as we go
display.clear_output(wait = True)
generate_and_save_images(generator,
```

```
epoch + 1,
seed)
# 3 - Save the model every 5 epochs as
# a checkpoint, which we will use later
if (epoch + 1) % 5 == 0:
checkpoint.save(file_prefix = checkpoint_prefix)
# 4 - Print out the completed epoch no. and the time spent
print ('Time for epoch {} is {} sec'.format(epoch + 1, time.
time() - start))
# B. Generate a final image after the training is completed
display.clear_output(wait = True)
generate_and_save_images(generator,
epochs,
seed)
```

12.4.6 图像生成函数

在 train()函数中,还有一个没有定义的自定义图像生成函数。图像生成函数需要完成下列任务:

(1) 使用模型生成图像;

(2) 使用 Matplotlib 以 4×4 网格布局显示生成的图像;

(3) 保存最后的数字图像。

下列代码可完成上述任务:

```
def generate_and_save_images(model, epoch, test_input):
# Notice training is set to False.
# This is so all layers run in inference mode (batchnorm).
# 1 - Generate images
predictions = model(test_input, training = False)
# 2 - Plot the generated images
fig = plt.figure(figsize = (4,4))
for i in range(predictions.shape[0]):
plt.subplot(4, 4, i + 1)
plt.imshow(predictions[i, :, :, 0] * 127.5 + 127.5,
cmap = "gray")
plt.axis('off')
# 3 - Save the generated images
plt.savefig('image_at_epoch_{:04d}.png'.format( epoch))
plt.show()
```

在定义了自定义图像生成函数后,接下来可以安全地调用 train()函数。

1. 开始训练

开始训练循环非常简单。下面的一行代码将开始使用 train()函数进行模型训练，该函数循环遍历 train_step()函数并使用 generate_and_save_images()函数生成图像。在这个过程中，还会收到统计数据和相关信息，以及在 4×4 网格布局上生成的图像。

以下代码完成模型训练：

```
train(train_dataset, EPOCHS)
Output:
```

如图 12-5 所示，在 60 个历元后，生成的图像非常接近正确的手写数字，其中唯一看不出的数字是 2，这可能只是巧合。

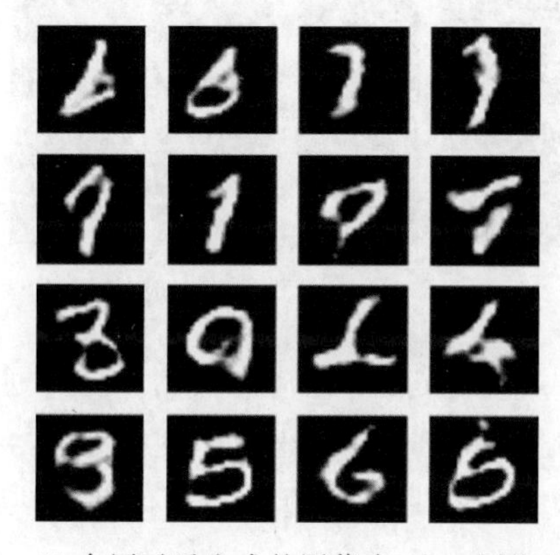

图 12-5　60 个历元后生成的图像在 4×4 网格上的布局

在完成了对模型的训练并保存了检查点后，以下代码可用于恢复已训练模型：

```
checkpoint.restore(tf.train.latest_checkpoint(checkpoint_dir))
```

2. 生成数字图像的动画

在模型训练过程中，generate_and_save_images()函数在每个历元中成功地保存了 4×4 个生成图像。通过一个简单的练习查看模型的图像生成能力是如何随着时间的变化而发展的。

使用 PIL（Python Image Library）打开图像，PIL 支持多种不同的图像格式，包括 PNG，也可以使用如下代码定义自定义函数打开图像：

```
# PIL is a library which may open different image file formats
import PIL
# Display a single image using the epoch number
def display_image(epoch_no):
return PIL.Image.open('image_at_epoch_{:04d}.png'.format(epoch_no))
Now test the function with the following line, which would
```

```
display the latest PNG file generated by our model:
display_image(EPOCHS)
```

输出结果如图 12-6 所示。注意,因为是从最后一个检查点恢复模型,所以图 12-6 的结果与图 12-5 所示的示例相同。

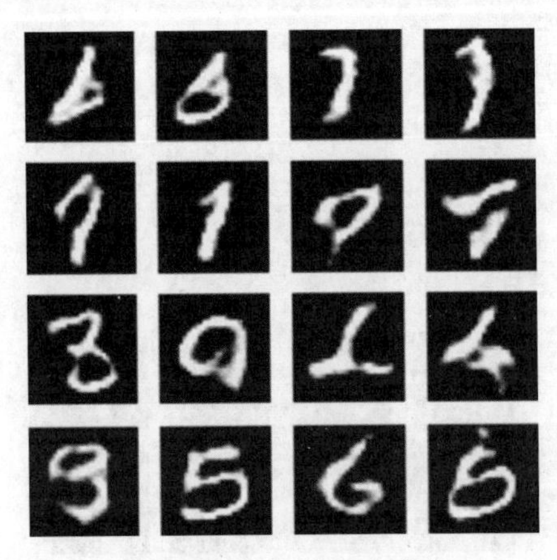

图 12-6　显示 GAN 模型最新生成的 PNG 文件

可以使用 display_images()函数显示任何想要的图像。通过这个选项,生成一个 GIF 动画图像展示模型生成能力随时间的变化。也可以使用 glob 和 imageio 库实现这个效果。案例中通过堆叠所有 PNG 文件创建一个动画 GIF 文件,使用以下代码完成上述任务:

```
import glob # The glob module is used for Unix style pathname pattern expansion.
import imageio # The library that provides an easy interface to read and write a wide range of
image data
anim_file = 'dcgan.gif'
with imageio.get_writer(anim_file, mode = "I") as writer:
filenames = glob.glob('image * .png')
filenames = sorted(filenames)
for filename in filenames:
image = imageio.imread(filename)
writer.append_data(image)
image = imageio.imread(filename)
writer.append_data(image)
```

单击 Google Colab Notebook 左边的 Files 图标查看所有文件,包括 dcgan.gif。可以简单地下载文件查看模型在每个历元生成图像的动画。为了能够在 Google Colab Notebook 中查看数字图像,可以输入下列代码:

```
display.Image(open('dcgan.gif','rb').read())
```

图 12-7 给出了部分历元生成的数字图像。

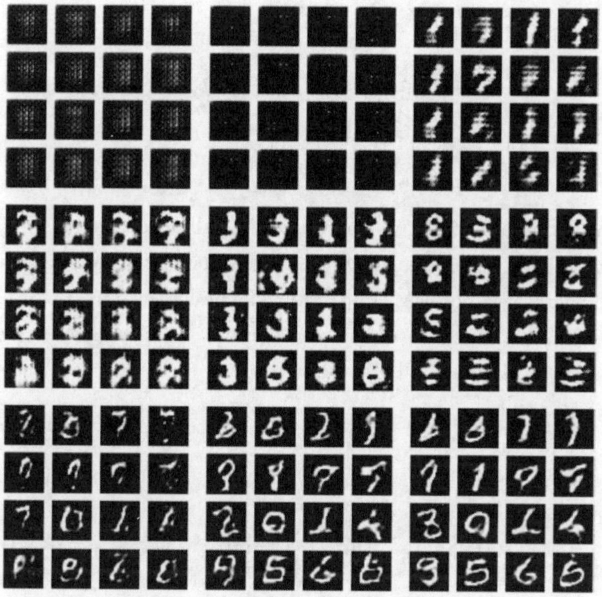

图 12-7 不同历元生成的数字图像

12.5 小结

本章介绍了最后一个神经网络架构：生成对抗网络，它主要用于艺术、制造、研究和游戏等领域的生成任务。本章还介绍了一个案例研发，创建并训练了一个能够生成手写数字的 GAN 模型。

参考文献

[1] Google Just Open Sourced TensorFlow, Its Artificial Intelligence Engine | WIRED[EB/OL]. (2020-06-05). www. wired. com/2015/11/google-open-sources-its-artificialintelligence-engine.

[2] Google AI Blog. Eager Execution: An imperative, define-by-run interface to TensorFlow[EB/OL]. https://ai. googleblog. com/2017/10/eager-execution-imperative-define-by. html.

[3] What's coming in TensorFlow 2. 0[EB/OL]. https://medium. com/tensorflow/whats-coming-in-tensorflow-2-0-d3663832e9b8.

[4] Deep Learning Framework Power Scores 2018 Towards Data Science[EB/OL]. https://towardsdatascience. com/deep-learning-framework-power-scores-2018-23607ddf297a.

[5] Icons made by Freepik[EB/OL]. www. flaticon. com.

[6] Text classification with an RNN, TensorFlow[EB/OL]. www. tensorflow. org/tutorials/text/text_classification_rnn.

[7] Maas A L, Daly R E, Pham P T, et al. Learning Word Vectors for Sentiment Analysis[J]. Association for Computational Linguistics[C]//The 49th Annual Meeting of the Association for Computational Linguistics, 2011.

[8] The Unreasonable Effectiveness of Recurrent Neural Networks[EB/OL]. http://karpathy. github. io/2015/05/21/rnn-effectiveness.

[9] Text generation with an RNN | TensorFlow Core TensorFlow[EB/OL]. www. tensorflow. org/tutorials/text/text_generation.

[10] Intro to Autoencoders, TensorFlow[EB/OL]. www. tensorflow. org/tutorials/generative/autoencoder.